한 권으로 계산 끝

한 권으로 계산 끝 ⑪

지은이 차길영
펴낸이 임상진
펴낸곳 (주)넥서스

초판 1쇄 발행 2019년 11월 15일
초판 3쇄 발행 2023년 10월 02일

출판신고 1992년 4월 3일 제311-2002-2호
10880 경기도 파주시 지목로 5
Tel (02)330-5500 Fax (02)330-5555

ISBN 979-11-6165-657-1 (64410)
979-11-6165-646-5 (SET)

www.nexusbook.com
www.nexusEDU.kr/math

새 교육과정 반영

문제풀이 속도와 정확성을 향상시키는
초등 연산 프로그램

계산력 + 두뇌회전 UP!

한 권으로 계산 끝

수학의 마술사 **차길영** 지음

11

초등수학
6 학년 과정

넥서스에듀

혹시 여러분, 이런 학생은 아닌가요?

문제를 풀면 다 맞긴 하는데 시간이 너무 오래 걸려요.

341+726

한 자리 숫자는 자신이 있는데 숫자가 커지면 당황해요.

덧셈과 뺄셈은 어렵지 않은데 곱셈과 나눗셈은 무서워요.

계산할 때 자꾸 손가락을 써요.

문제는 빨리 푸는데 채점하면 비가 내려요.

이제 계산 끝이면, 실수 끝! 오답 끝! 걱정 끝!

왜 〈한 권으로 계산 끝〉으로 시작해야 하나요?

수학의 기본은 계산입니다.

계산력이 약한 학생들은 잦은 실수와 문제풀이 시간 부족으로 수학에 대한 흥미를 잃으며 수학을 점점 멀리하게 되는 것이 현실입니다. 따라서 차근차근 계단을 오르듯 수학의 기본이 되는 계산력부터 길러야 합니다. 이러한 계산력은 매일 규칙적으로 꾸준히 학습하는 것이 중요합니다. '창의성'이나 '사고력 및 논리력'은 수학의 기본인 계산력이 뒷받침이 된 다음에 얘기할 수 있는 것입니다. 우리는 '창의성' 또는 '사고력'을 너무나 동경한 나머지 수학의 기본인 '계산'과 '암기'를 소홀히 생각합니다. 그러나 번뜩이는 문제 해결력이나 아이디어, 창의성은 수없이 반복되어 온 암기 훈련 및 꾸준한 학습을 통해 쌓인 지식에 근거한다는 점을 절대 잊으면 안 됩니다.

수학은 일찍 시작해야 합니다.

초등학교 수학 과정은 기초 계산력을 완성시키는 단계입니다. 특히 저학년 때 연산이 차지하는 비율은 전체의 70~80%나 됩니다. 수학 성적의 차이는 머리가 아니라 수학을 얼마나 일찍 시작하느냐에 달려 있습니다. 머리가 좋은 학생이 수학을 잘 하는 것이 아니라 수학을 열심히 공부하는 학생이 머리가 좋아지는 것이죠. 수학이 싫고 어렵다고 어렸을 때부터 수학을 멀리하게 되면 중학교, 고등학교에 올라가서는 수학을 포기하게 됩니다. 수학은 어느 정도 수준에 오르기까지 많은 시간이 필요한 과목이기 때문에 비교적 여유가 있는 초등학교 때 수학의 기본을 다져놓는 것이 중요합니다.

혹시 수학 성적이 걱정되고 불안하신가요?

그렇다면 수학의 기본이 되는 계산력부터 키워주세요. 하루 10~20분씩 꾸준히 계산력을 키우게 되면 티끌 모아 태산이 되듯 수학의 기초가 튼튼해지고 수학이 재미있어질 것입니다. 어떤 문제든 기초 계산 능력이 뒷받침되어 있지 않으면 해결할 수 없습니다.
〈한 권으로 계산 끝〉 시리즈로 수학의 재미를 키워보세요. 여러분은 모두 '수학 천재'가 될 수 있습니다. 화이팅!

수학의 마술사 **차길영**

구성 및 특징

01 계산 원리 학습

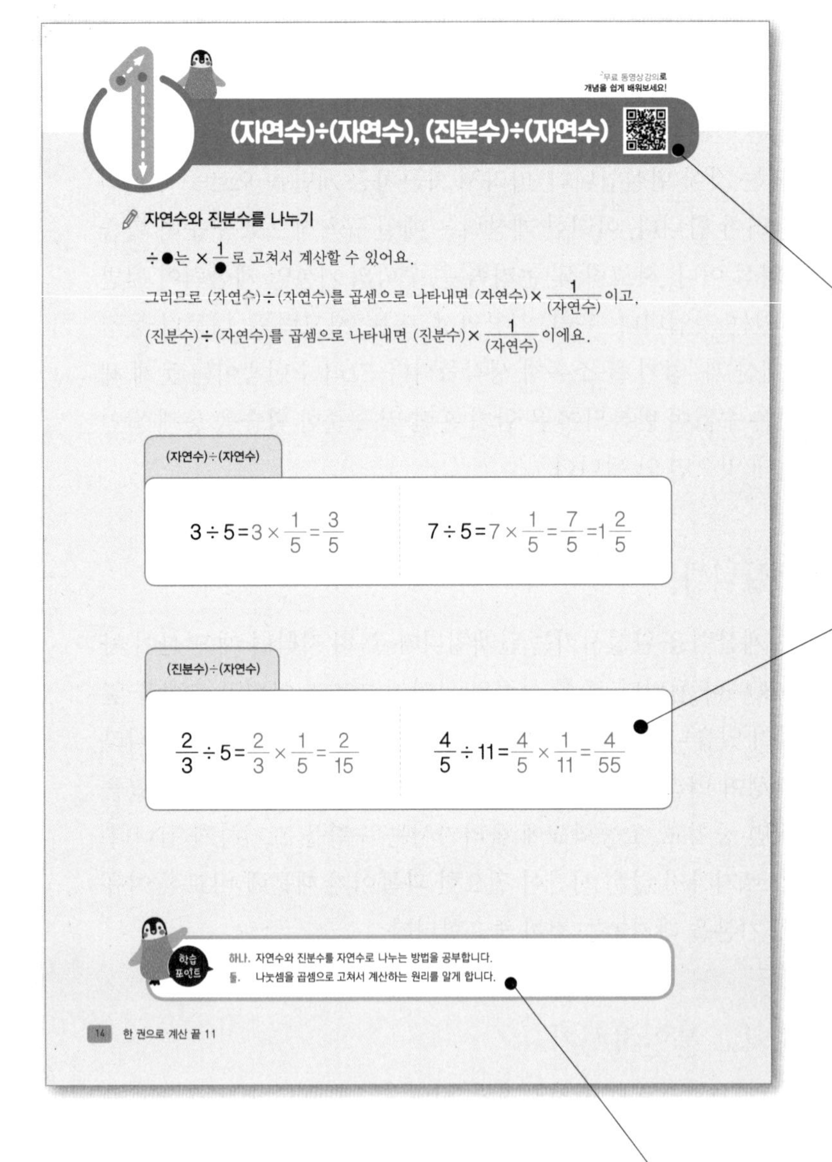

무료 동영상 강의로
계산 원리의 개념을 **쉽고**
정확하게 이해할 수 있습니다.
QR코드를 스마트폰으로 찍거나
www.nexusEDU.kr/math 접속

초등수학의 새 교육과정에
맞춰 연산 주제의 원리를
이해**하고** 연산 방법**을**
이끌어냅니다.

계산 원리의 학습 포인트**를**
통해 연산의 기초 개념 정리를
한 번에 끝낼 수 있습니다.

02 계산력 학습 및 완성

자신의 진도 목표에 따라 하루에 적당한 분량을 정해 학습합니다.
문제를 풀 때 걸리는 시간을 정확히 측정하고 기록해 보세요.
계산력 향상 Up! Up! Up!

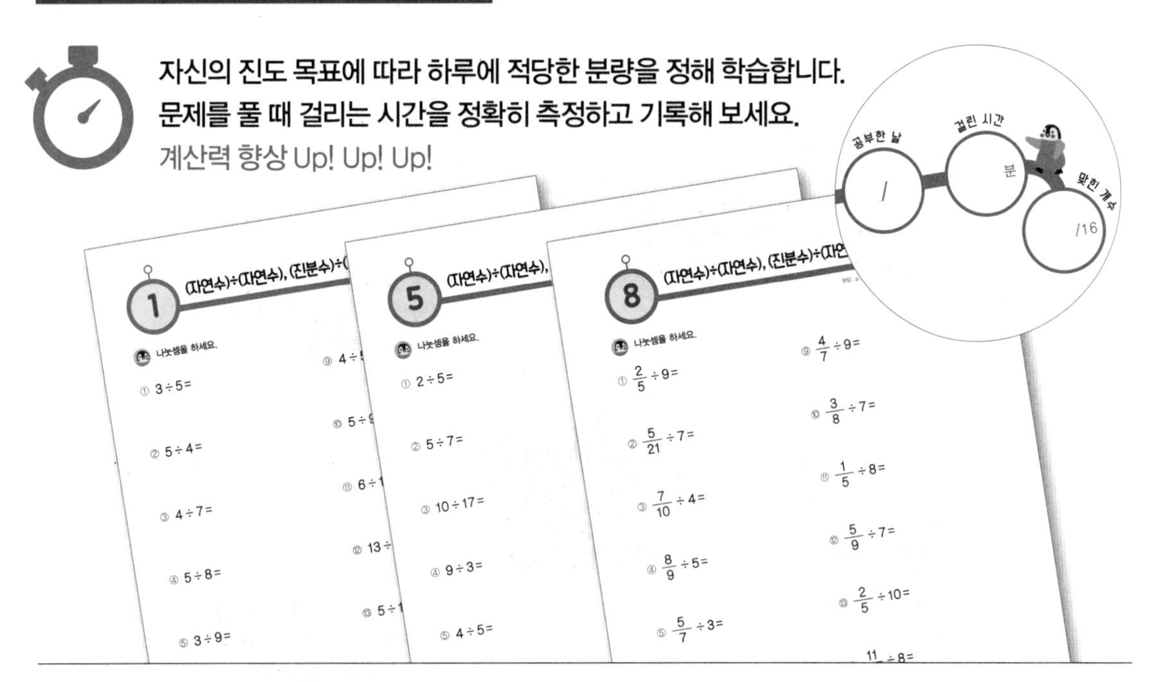

03 실력 체크

교재의 중간과 마지막에 나오는 실력 체크 문제로, 앞서 배운 4개의 강의 내용을 복습하고 다시 한 번 실력을 탄탄하게 점검할 수 있습니다.

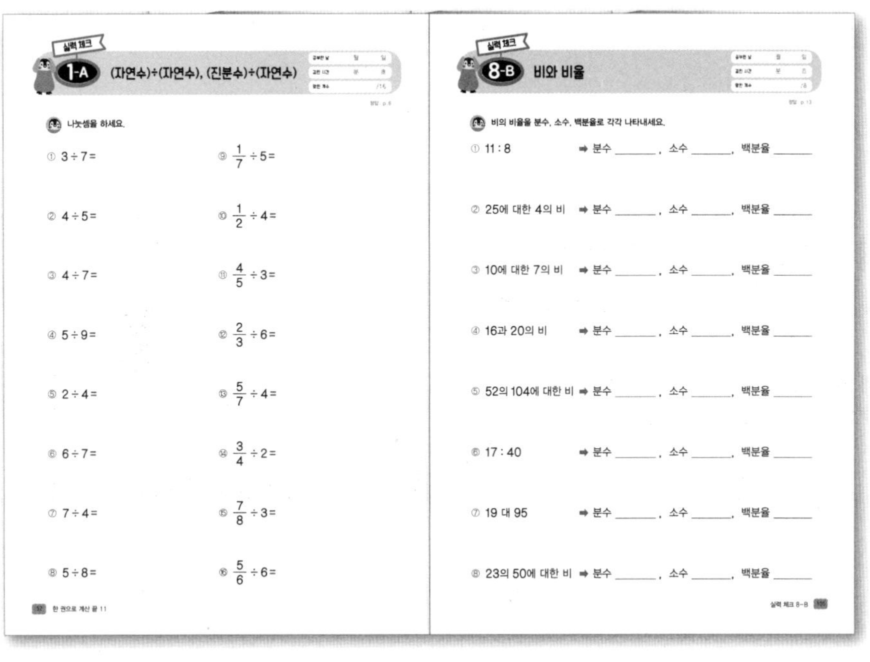

실력 체크

1-A (자연수)÷(자연수), (진분수)÷(자연수)

나눗셈을 하세요.

① 3÷7=
② 4÷5=
③ 4÷7=
④ 5÷9=
⑤ 2÷4=
⑥ 6÷7=
⑦ 7÷4=
⑧ 5÷8=
⑨ $\frac{1}{7}\div5=$
⑩ $\frac{1}{2}\div4=$
⑪ $\frac{4}{5}\div3=$
⑫ $\frac{2}{3}\div6=$
⑬ $\frac{5}{7}\div4=$
⑭ $\frac{3}{4}\div2=$
⑮ $\frac{7}{8}\div3=$
⑯ $\frac{5}{6}\div6=$

실력 체크

8-B 비와 비율

비의 비율을 분수, 소수, 백분율로 각각 나타내세요.

① 11 : 8 ➡ 분수 ____, 소수 ____, 백분율 ____
② 25에 대한 4의 비 ➡ 분수 ____, 소수 ____, 백분율 ____
③ 10에 대한 7의 비 ➡ 분수 ____, 소수 ____, 백분율 ____
④ 16과 20의 비 ➡ 분수 ____, 소수 ____, 백분율 ____
⑤ 52의 104에 대한 비 ➡ 분수 ____, 소수 ____, 백분율 ____
⑥ 17 : 40 ➡ 분수 ____, 소수 ____, 백분율 ____
⑦ 19 대 95 ➡ 분수 ____, 소수 ____, 백분율 ____
⑧ 23의 50에 대한 비 ➡ 분수 ____, 소수 ____, 백분율 ____

'한 권으로 계산 끝'만의 차별화된 서비스

스마트폰으로 QR코드를 찍으면 이 모든 것이 가능해요!

1 모바일 진단평가

과연 내 연산 실력은 어떤 레벨일까요? 진단평가로 현재 실력을 확인하고 알맞은 레벨을 선택할 수 있어요.

2 무료 동영상 강의

눈에 쏙! 귀에 쏙! 들어오는 개념 설명 강의를 보면, 문제의 답이 쉽게 보인답니다.

3 초시계

자신의 문제풀이 속도를 측정하고 '걸린 시간'을 기록하는 습관은 계산 끝판왕이 되는 필수 요소예요.

4 마무리 평가

온라인에서 제공하는 별도 추가 종합 문제를 통해 학습한 내용을 복습하고 최종 실력을 확인할 수 있어요.

5 추가 문제

각 권마다 추가로 제공되는 문제로 속도력 + 정확성을 키우세요!

스마트폰이 없어도 걱정 마세요!
넥서스에듀 홈페이지로 들어오세요.

※ 진단평가, 마무리 평가의 종합문제 및 추가 문제는 홈페이지에서 다운로드 → 프린트해서 쓸 수 있어요.

www.nexusEDU.kr/math

차례

분수와 소수의 나눗셈 (1) / 비와 비율

초등수학
6학년 과정

한 권으로 계산 끝 학습계획표

하루하루 끝내기로 한 학습 분량을 마치고 학습계획표를 체크해 보세요!

2주 / 4주 / 8주 완성 학습 목표를 정한 뒤에 매일매일 체크해 보세요.
스스로 공부하는 습관이 길러지고, 수학의 기초 실력인 연산력+계산력이 쑥쑥 향상됩니다.

Study Plans

4주 완성

한 권으로 계산 끝 학습계획표

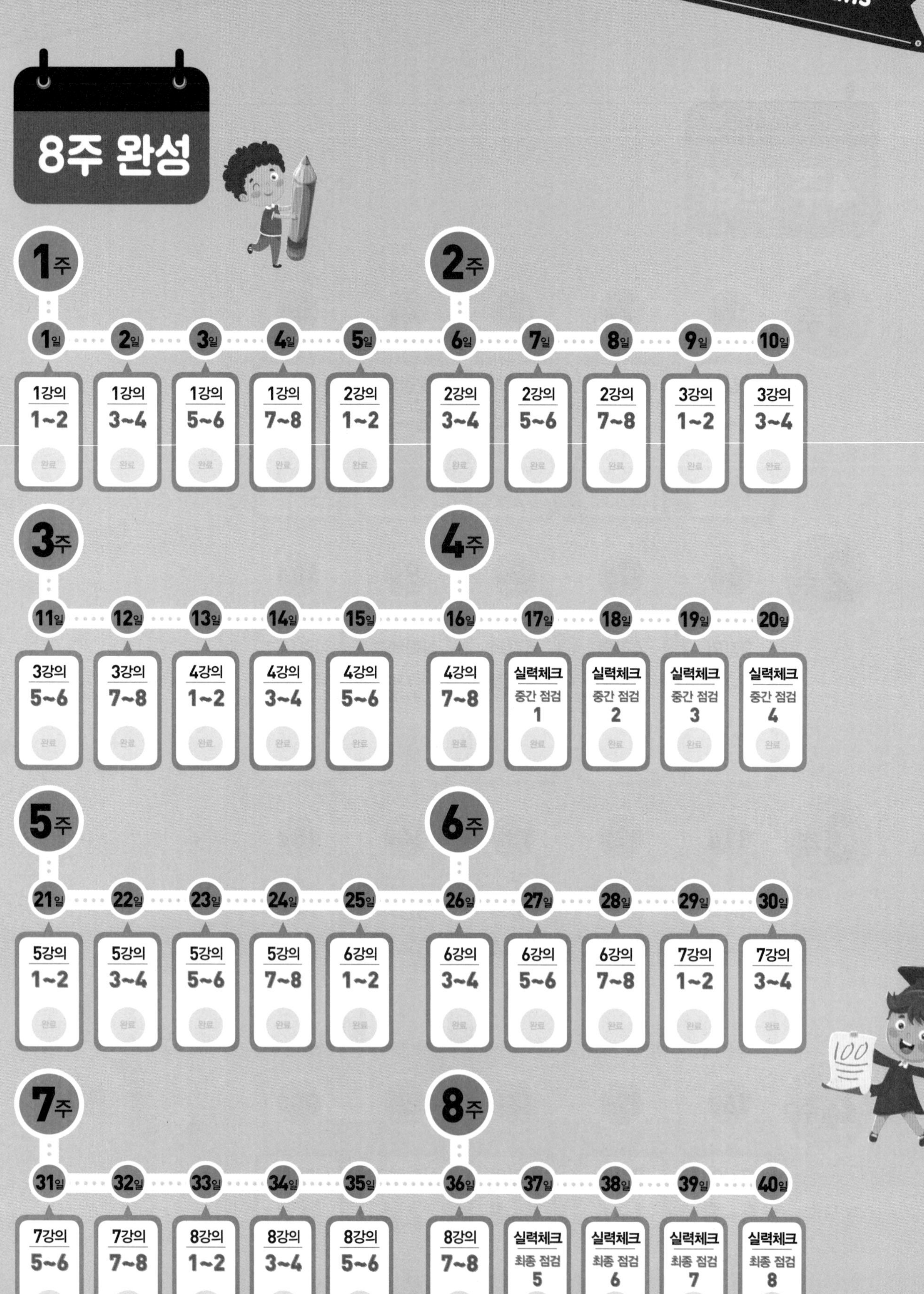

분수와 소수의 나눗셈 (1)

비와 비율

6학년 과정

(자연수)÷(자연수), (진분수)÷(자연수)

자연수와 진분수를 자연수로 나누기

÷●는 $\times \frac{1}{●}$로 고쳐서 계산할 수 있어요.

그러므로 (자연수)÷(자연수)를 곱셈으로 나타내면 (자연수)$\times \frac{1}{(\text{자연수})}$이고,

(진분수)÷(자연수)를 곱셈으로 나타내면 (진분수)$\times \frac{1}{(\text{자연수})}$이에요.

(자연수)÷(자연수)

$3 \div 5 = 3 \times \frac{1}{5} = \frac{3}{5}$

$7 \div 5 = 7 \times \frac{1}{5} = \frac{7}{5} = 1\frac{2}{5}$

(진분수)÷(자연수)

$\frac{2}{3} \div 5 = \frac{2}{3} \times \frac{1}{5} = \frac{2}{15}$

$\frac{4}{5} \div 11 = \frac{4}{5} \times \frac{1}{11} = \frac{4}{55}$

하나. 자연수와 진분수를 자연수로 나누는 방법을 공부합니다.
둘. 나눗셈을 곱셈으로 고쳐서 계산하는 원리를 알게 합니다.

1 (자연수)÷(자연수), (진분수)÷(자연수)

정답: p.2

나눗셈을 하세요.

① $3 \div 5 =$

② $5 \div 4 =$

③ $4 \div 7 =$

④ $5 \div 8 =$

⑤ $3 \div 9 =$

⑥ $5 \div 14 =$

⑦ $12 \div 7 =$

⑧ $7 \div 13 =$

⑨ $4 \div 5 =$

⑩ $5 \div 9 =$

⑪ $6 \div 11 =$

⑫ $13 \div 7 =$

⑬ $5 \div 16 =$

⑭ $10 \div 7 =$

⑮ $11 \div 13 =$

⑯ $8 \div 5 =$

2 (자연수)÷(자연수), (진분수)÷(자연수)

공부한 날 /
걸린 시간 분
맞힌 개수 /16

정답: p.2

나눗셈을 하세요.

① $\frac{1}{2} \div 3 =$

② $\frac{3}{4} \div 5 =$

③ $\frac{3}{5} \div 6 =$

④ $\frac{4}{6} \div 4 =$

⑤ $\frac{1}{4} \div 3 =$

⑥ $\frac{8}{14} \div 2 =$

⑦ $\frac{7}{9} \div 7 =$

⑧ $\frac{11}{15} \div 6 =$

⑨ $\frac{3}{4} \div 5 =$

⑩ $\frac{1}{7} \div 2 =$

⑪ $\frac{1}{4} \div 3 =$

⑫ $\frac{2}{5} \div 4 =$

⑬ $\frac{10}{13} \div 3 =$

⑭ $\frac{6}{7} \div 4 =$

⑮ $\frac{11}{15} \div 7 =$

⑯ $\frac{5}{7} \div 1 =$

(자연수)÷(자연수), (진분수)÷(자연수)

정답: p.2

나눗셈을 하세요.

① $4 \div 7=$

② $6 \div 8=$

③ $2 \div 9=$

④ $3 \div 4=$

⑤ $3 \div 7=$

⑥ $12 \div 5=$

⑦ $7 \div 4=$

⑧ $6 \div 8=$

⑨ $11 \div 3=$

⑩ $8 \div 3=$

⑪ $11 \div 7=$

⑫ $5 \div 9=$

⑬ $7 \div 4=$

⑭ $6 \div 5=$

⑮ $8 \div 6=$

⑯ $1 \div 4=$

4 (자연수)÷(자연수), (진분수)÷(자연수)

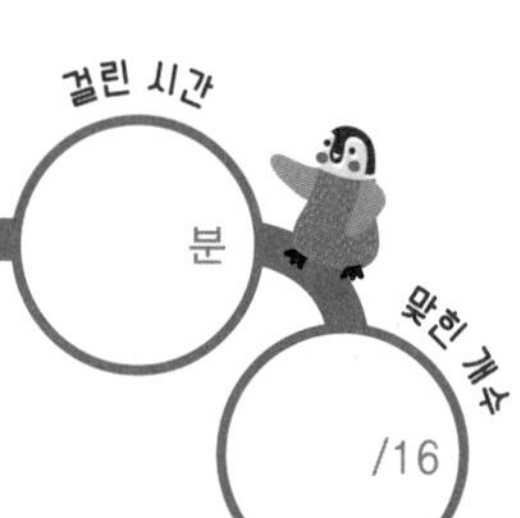

정답: p.2

나눗셈을 하세요.

① $\frac{3}{10} \div 2 =$

② $\frac{4}{9} \div 7 =$

③ $\frac{5}{8} \div 6 =$

④ $\frac{6}{7} \div 3 =$

⑤ $\frac{4}{11} \div 7 =$

⑥ $\frac{7}{14} \div 5 =$

⑦ $\frac{5}{9} \div 5 =$

⑧ $\frac{7}{13} \div 14 =$

⑨ $\frac{2}{3} \div 5 =$

⑩ $\frac{5}{6} \div 4 =$

⑪ $\frac{4}{5} \div 6 =$

⑫ $\frac{3}{4} \div 3 =$

⑬ $\frac{10}{14} \div 5 =$

⑭ $\frac{15}{21} \div 3 =$

⑮ $\frac{5}{13} \div 4 =$

⑯ $\frac{11}{17} \div 6 =$

(자연수)÷(자연수), (진분수)÷(자연수)

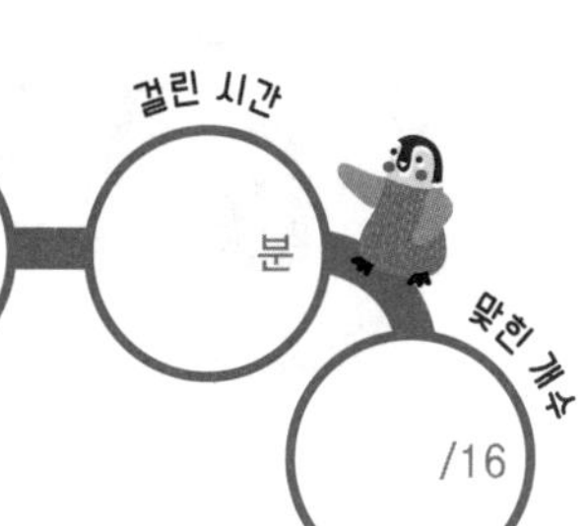

정답: p.2

나눗셈을 하세요.

① $2 \div 5 =$

② $5 \div 7 =$

③ $10 \div 17 =$

④ $9 \div 3 =$

⑤ $4 \div 5 =$

⑥ $16 \div 7 =$

⑦ $5 \div 9 =$

⑧ $4 \div 7 =$

⑨ $7 \div 9 =$

⑩ $6 \div 5 =$

⑪ $23 \div 5 =$

⑫ $17 \div 3 =$

⑬ $4 \div 7 =$

⑭ $5 \div 9 =$

⑮ $7 \div 8 =$

⑯ $5 \div 7 =$

6 (자연수)÷(자연수), (진분수)÷(자연수)

정답: p.2

나눗셈을 하세요.

① $\frac{3}{10} \div 3 =$

② $\frac{5}{11} \div 4 =$

③ $\frac{6}{7} \div 5 =$

④ $\frac{5}{12} \div 9 =$

⑤ $\frac{7}{10} \div 3 =$

⑥ $\frac{5}{12} \div 4 =$

⑦ $\frac{11}{15} \div 2 =$

⑧ $\frac{3}{4} \div 1 =$

⑨ $\frac{1}{6} \div 3 =$

⑩ $\frac{6}{7} \div 5 =$

⑪ $\frac{3}{5} \div 6 =$

⑫ $\frac{2}{3} \div 7 =$

⑬ $\frac{1}{5} \div 3 =$

⑭ $\frac{7}{11} \div 2 =$

⑮ $\frac{5}{7} \div 3 =$

⑯ $\frac{4}{9} \div 2 =$

(자연수)÷(자연수), (진분수)÷(자연수)

정답: p.2

나눗셈을 하세요.

① $2 \div 7 =$

② $7 \div 10 =$

③ $27 \div 15 =$

④ $4 \div 9 =$

⑤ $3 \div 4 =$

⑥ $12 \div 8 =$

⑦ $5 \div 6 =$

⑧ $11 \div 7 =$

⑨ $6 \div 5 =$

⑩ $6 \div 10 =$

⑪ $13 \div 2 =$

⑫ $7 \div 5 =$

⑬ $14 \div 3 =$

⑭ $13 \div 10 =$

⑮ $7 \div 5 =$

⑯ $9 \div 4 =$

8 (자연수)÷(자연수), (진분수)÷(자연수)

공부한 날 /
걸린 시간 분
맞힌 개수 /16

정답: p.2

나눗셈을 하세요.

① $\frac{2}{5} \div 9 =$

② $\frac{5}{21} \div 7 =$

③ $\frac{7}{10} \div 4 =$

④ $\frac{8}{9} \div 5 =$

⑤ $\frac{5}{7} \div 3 =$

⑥ $\frac{3}{8} \div 8 =$

⑦ $\frac{5}{7} \div 9 =$

⑧ $\frac{5}{6} \div 7 =$

⑨ $\frac{4}{7} \div 9 =$

⑩ $\frac{3}{8} \div 7 =$

⑪ $\frac{1}{5} \div 8 =$

⑫ $\frac{5}{9} \div 7 =$

⑬ $\frac{2}{5} \div 10 =$

⑭ $\frac{11}{16} \div 8 =$

⑮ $\frac{2}{7} \div 12 =$

⑯ $\frac{11}{25} \div 11 =$

무료 동영상강의로
개념을 쉽게 배워보세요!

(가분수)÷(자연수), (대분수)÷(자연수)

가분수와 대분수를 자연수로 나누기

(진분수)÷(자연수)와 마찬가지로 (가분수)÷(자연수)를 곱셈으로 나타내면

(가분수)×$\frac{1}{(\text{자연수})}$이에요.

(대분수)÷(자연수)는 대분수를 가분수로 고친 후 (가분수)×$\frac{1}{(\text{자연수})}$로 계산해요.

(가분수)÷(자연수)

$\frac{7}{4} \div 21 = \frac{\cancel{7}^{1}}{4} \times \frac{1}{\cancel{21}_{3}} = \frac{1}{12}$

$\frac{18}{11} \div 6 = \frac{\cancel{18}^{3}}{11} \times \frac{1}{\cancel{6}_{1}} = \frac{3}{11}$

(대분수)÷(자연수)

$3\frac{1}{9} \div 2 = \frac{\cancel{28}^{14}}{9} \times \frac{1}{\cancel{2}_{1}} = \frac{14}{9} = 1\frac{5}{9}$

$1\frac{2}{5} \div 5 = \frac{7}{5} \times \frac{1}{5} = \frac{7}{25}$

하나. 가분수와 대분수를 자연수로 나누는 방법을 공부합니다.
둘. 대분수가 있으면 먼저 대분수를 가분수로 고친 후 계산합니다.
셋. 나눗셈을 곱셈으로 고쳐서 계산하는 원리를 알게 합니다.

1 (가분수)÷(자연수), (대분수)÷(자연수)

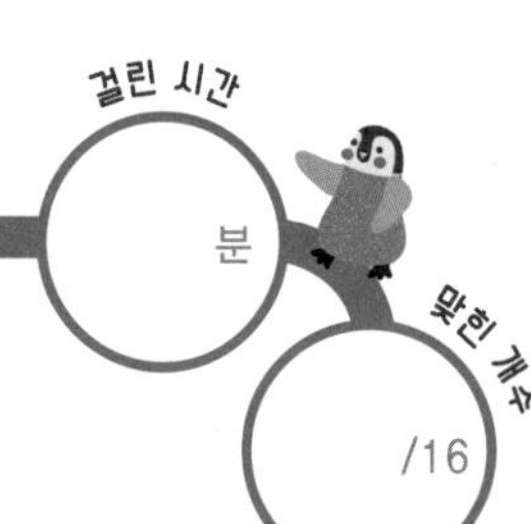

정답: p.3

나눗셈을 하세요.

① $\frac{7}{5} \div 5 =$

② $\frac{12}{8} \div 1 =$

③ $\frac{11}{5} \div 2 =$

④ $\frac{9}{7} \div 7 =$

⑤ $\frac{11}{4} \div 5 =$

⑥ $\frac{18}{12} \div 3 =$

⑦ $\frac{10}{3} \div 2 =$

⑧ $\frac{5}{4} \div 5 =$

⑨ $\frac{4}{3} \div 2 =$

⑩ $\frac{8}{7} \div 3 =$

⑪ $\frac{9}{4} \div 7 =$

⑫ $\frac{6}{5} \div 4 =$

⑬ $\frac{13}{6} \div 5 =$

⑭ $\frac{7}{2} \div 6 =$

⑮ $\frac{8}{3} \div 5 =$

⑯ $\frac{9}{2} \div 4 =$

(가분수)÷(자연수), (대분수)÷(자연수)

공부한 날 /

걸린 시간 분

맞힌 개수 /16

정답: p.3

나눗셈을 하세요.

① $4\frac{3}{4} \div 2 =$

② $3\frac{2}{11} \div 5 =$

③ $1\frac{3}{5} \div 4 =$

④ $4\frac{5}{6} \div 7 =$

⑤ $1\frac{1}{5} \div 8 =$

⑥ $2\frac{2}{5} \div 2 =$

⑦ $5\frac{5}{12} \div 4 =$

⑧ $3\frac{7}{15} \div 2 =$

⑨ $1\frac{3}{4} \div 5 =$

⑩ $1\frac{1}{7} \div 2 =$

⑪ $2\frac{1}{4} \div 3 =$

⑫ $2\frac{3}{14} \div 4 =$

⑬ $4\frac{5}{8} \div 2 =$

⑭ $3\frac{8}{14} \div 5 =$

⑮ $7\frac{2}{5} \div 3 =$

⑯ $1\frac{3}{21} \div 5 =$

3 (가분수)÷(자연수), (대분수)÷(자연수)

정답: p.3

나눗셈을 하세요.

① $\frac{10}{7} \div 4 =$

② $\frac{11}{3} \div 2 =$

③ $\frac{7}{6} \div 4 =$

④ $\frac{15}{4} \div 4 =$

⑤ $\frac{17}{11} \div 3 =$

⑥ $\frac{6}{5} \div 1 =$

⑦ $\frac{13}{7} \div 2 =$

⑧ $\frac{10}{4} \div 5 =$

⑨ $\frac{7}{2} \div 6 =$

⑩ $\frac{14}{3} \div 2 =$

⑪ $\frac{9}{4} \div 5 =$

⑫ $\frac{9}{5} \div 2 =$

⑬ $\frac{16}{6} \div 4 =$

⑭ $\frac{7}{3} \div 7 =$

⑮ $\frac{13}{8} \div 3 =$

⑯ $\frac{5}{4} \div 5 =$

(가분수)÷(자연수), (대분수)÷(자연수)

정답: p.3

나눗셈을 하세요.

① $2\frac{7}{10} \div 7 =$

② $8\frac{1}{7} \div 6 =$

③ $2\frac{3}{4} \div 1 =$

④ $6\frac{3}{8} \div 7 =$

⑤ $1\frac{2}{11} \div 5 =$

⑥ $5\frac{7}{15} \div 6 =$

⑦ $2\frac{5}{16} \div 7 =$

⑧ $4\frac{6}{7} \div 5 =$

⑨ $4\frac{2}{3} \div 5 =$

⑩ $5\frac{5}{6} \div 2 =$

⑪ $4\frac{4}{5} \div 5 =$

⑫ $1\frac{3}{4} \div 4 =$

⑬ $2\frac{5}{7} \div 7 =$

⑭ $7\frac{3}{4} \div 5 =$

⑮ $3\frac{8}{9} \div 2 =$

⑯ $5\frac{1}{4} \div 1 =$

5 (가분수)÷(자연수), (대분수)÷(자연수)

정답: p.3

나눗셈을 하세요.

① $\frac{11}{7} \div 2 =$

② $\frac{13}{5} \div 2 =$

③ $\frac{15}{13} \div 2 =$

④ $\frac{9}{8} \div 2 =$

⑤ $\frac{15}{9} \div 9 =$

⑥ $\frac{16}{15} \div 7 =$

⑦ $\frac{8}{7} \div 3 =$

⑧ $\frac{21}{8} \div 6 =$

⑨ $\frac{7}{6} \div 3 =$

⑩ $\frac{11}{2} \div 11 =$

⑪ $\frac{19}{8} \div 5 =$

⑫ $\frac{5}{3} \div 2 =$

⑬ $\frac{7}{5} \div 5 =$

⑭ $\frac{21}{6} \div 8 =$

⑮ $\frac{6}{7} \div 4 =$

⑯ $\frac{5}{9} \div 5 =$

6 (가분수)÷(자연수), (대분수)÷(자연수)

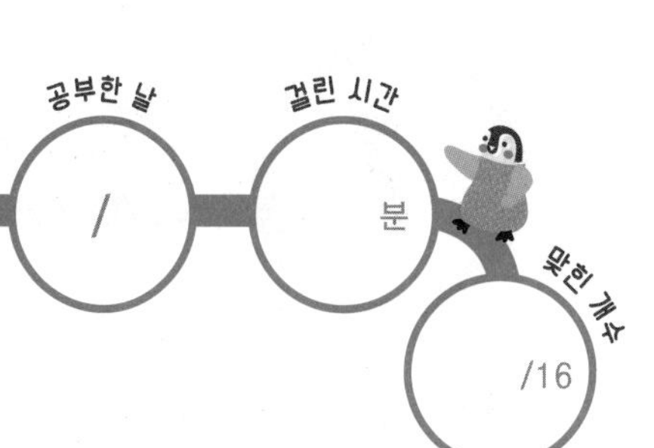

정답: p.3

나눗셈을 하세요.

① $5\frac{1}{4} \div 4 =$

② $3\frac{1}{6} \div 3 =$

③ $1\frac{3}{5} \div 7 =$

④ $2\frac{2}{7} \div 5 =$

⑤ $3\frac{1}{2} \div 2 =$

⑥ $2\frac{6}{14} \div 1 =$

⑦ $3\frac{7}{15} \div 8 =$

⑧ $4\frac{3}{10} \div 5 =$

⑨ $3\frac{1}{6} \div 5 =$

⑩ $1\frac{6}{7} \div 5 =$

⑪ $3\frac{3}{5} \div 6 =$

⑫ $4\frac{2}{3} \div 7 =$

⑬ $2\frac{5}{14} \div 6 =$

⑭ $7\frac{1}{2} \div 4 =$

⑮ $3\frac{2}{15} \div 3 =$

⑯ $1\frac{10}{17} \div 2 =$

7 (가분수)÷(자연수), (대분수)÷(자연수)

공부한 날 /　걸린 시간 분　맞힌 개수 /16

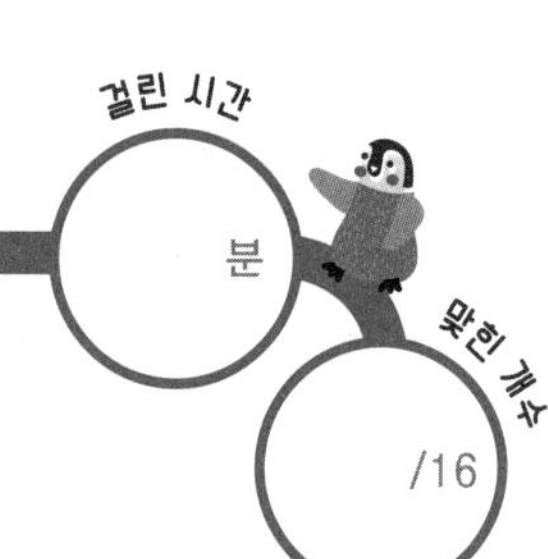

정답: p.3

나눗셈을 하세요.

① $\frac{14}{2} \div 7 =$

② $\frac{16}{5} \div 4 =$

③ $\frac{16}{11} \div 4 =$

④ $\frac{42}{21} \div 7 =$

⑤ $\frac{12}{6} \div 4 =$

⑥ $\frac{31}{15} \div 6 =$

⑦ $\frac{5}{3} \div 8 =$

⑧ $\frac{11}{9} \div 5 =$

⑨ $\frac{15}{12} \div 5 =$

⑩ $\frac{20}{17} \div 4 =$

⑪ $\frac{22}{21} \div 2 =$

⑫ $\frac{50}{41} \div 25 =$

⑬ $\frac{11}{5} \div 6 =$

⑭ $\frac{21}{18} \div 3 =$

⑮ $\frac{52}{32} \div 2 =$

⑯ $\frac{61}{51} \div 4 =$

(가분수)÷(자연수), (대분수)÷(자연수)

정답: p.3

나눗셈을 하세요.

① $3\frac{1}{2} \div 9 =$

② $5\frac{4}{5} \div 7 =$

③ $2\frac{3}{7} \div 4 =$

④ $1\frac{9}{8} \div 5 =$

⑤ $2\frac{3}{4} \div 2 =$

⑥ $5\frac{2}{7} \div 8 =$

⑦ $3\frac{1}{9} \div 4 =$

⑧ $7\frac{5}{6} \div 6 =$

⑨ $5\frac{4}{7} \div 9 =$

⑩ $1\frac{5}{8} \div 7 =$

⑪ $3\frac{1}{6} \div 5 =$

⑫ $8\frac{4}{9} \div 8 =$

⑬ $7\frac{2}{9} \div 4 =$

⑭ $5\frac{3}{8} \div 5 =$

⑮ $6\frac{5}{7} \div 7 =$

⑯ $1\frac{11}{12} \div 8 =$

무료 동영상강의로
개념을 쉽게 배워보세요!

3 (자연수)÷(분수)

자연수를 분수로 나누기

나누는 분수의 분모와 분자를 바꾸어 ÷ $\frac{▲}{●}$를 × $\frac{●}{▲}$로 고쳐서 계산해요.

(자연수)÷(단위분수)

$$2 \div \frac{1}{3} = 2 \times \frac{3}{1} = 2 \times 3 = 6$$

(자연수)÷(진분수)

$$2 \div \frac{4}{5} = \overset{1}{\cancel{2}} \times \frac{5}{\underset{2}{\cancel{4}}} = \frac{5}{2} = 2\frac{1}{2}$$

(자연수)÷(가분수)

$$3 \div \frac{6}{5} = \overset{1}{\cancel{3}} \times \frac{5}{\underset{2}{\cancel{6}}} = \frac{5}{2} = 2\frac{1}{2}$$

(자연수)÷(대분수)

$$3 \div 1\frac{2}{3} = 3 \div \frac{5}{3} = 3 \times \frac{3}{5} = \frac{9}{5} = 1\frac{4}{5}$$

하나. 자연수를 다양한 분수로 나누는 방법을 공부합니다.
둘. 대분수가 있으면 먼저 대분수를 가분수로 고친 후 계산합니다.
셋. 나눗셈을 곱셈으로 고쳐서 계산하는 원리를 알게 합니다.

1 (자연수)÷(분수)

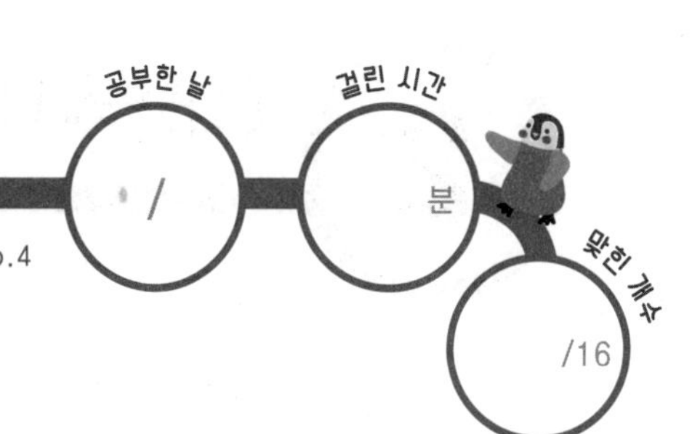

정답: p.4

나눗셈을 하세요.

① $1 \div \frac{1}{9} =$

② $1 \div \frac{1}{5} =$

③ $2 \div \frac{1}{3} =$

④ $2 \div \frac{1}{4} =$

⑤ $3 \div \frac{1}{5} =$

⑥ $3 \div \frac{1}{8} =$

⑦ $4 \div \frac{1}{6} =$

⑧ $5 \div \frac{1}{7} =$

⑨ $1 \div \frac{1}{14} =$

⑩ $5 \div \frac{1}{7} =$

⑪ $4 \div \frac{1}{9} =$

⑫ $3 \div \frac{1}{5} =$

⑬ $1 \div \frac{1}{3} =$

⑭ $2 \div \frac{1}{4} =$

⑮ $4 \div \frac{1}{11} =$

⑯ $2 \div \frac{1}{19} =$

2 (자연수)÷(분수)

정답: p.4

나눗셈을 하세요.

① $2 \div \frac{2}{3} =$

② $3 \div \frac{4}{7} =$

③ $2 \div \frac{5}{13} =$

④ $6 \div \frac{5}{7} =$

⑤ $2 \div \frac{4}{9} =$

⑥ $3 \div \frac{7}{12} =$

⑦ $4 \div \frac{5}{14} =$

⑧ $5 \div \frac{4}{7} =$

⑨ $2 \div \frac{4}{13} =$

⑩ $1 \div \frac{2}{3} =$

⑪ $5 \div \frac{7}{16} =$

⑫ $2 \div \frac{5}{8} =$

⑬ $4 \div \frac{5}{6} =$

⑭ $3 \div \frac{5}{21} =$

⑮ $4 \div \frac{4}{5} =$

⑯ $5 \div \frac{2}{3} =$

(자연수)÷(분수)

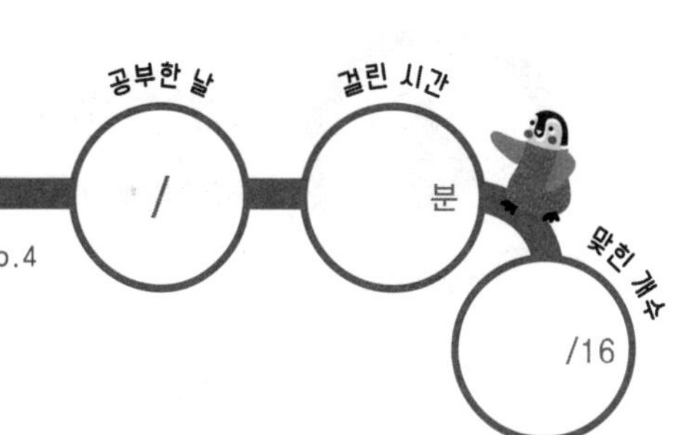

정답: p.4

나눗셈을 하세요.

① $7 \div \frac{13}{8} =$

② $5 \div \frac{6}{5} =$

③ $2 \div \frac{4}{3} =$

④ $1 \div \frac{7}{5} =$

⑤ $3 \div \frac{11}{9} =$

⑥ $4 \div \frac{5}{2} =$

⑦ $1 \div \frac{13}{6} =$

⑧ $6 \div \frac{9}{4} =$

⑨ $5 \div \frac{14}{9} =$

⑩ $2 \div \frac{25}{21} =$

⑪ $7 \div \frac{14}{3} =$

⑫ $4 \div \frac{5}{2} =$

⑬ $3 \div \frac{7}{6} =$

⑭ $6 \div \frac{17}{9} =$

⑮ $1 \div \frac{9}{5} =$

⑯ $8 \div \frac{4}{3} =$

(자연수)÷(분수)

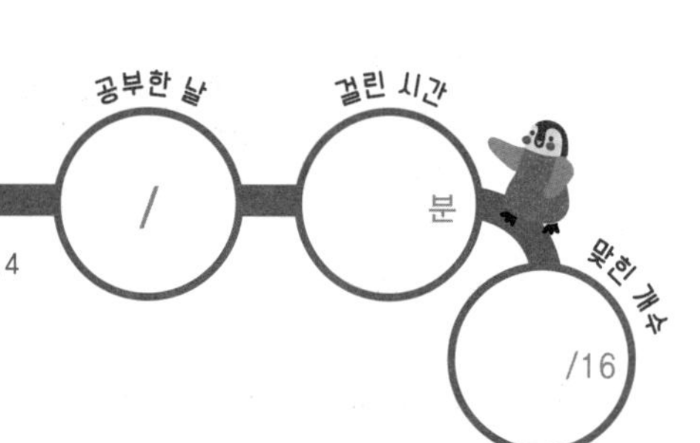

정답: p.4

나눗셈을 하세요.

① $5 \div 1\frac{3}{17} =$

② $7 \div 2\frac{4}{5} =$

③ $8 \div 1\frac{5}{8} =$

④ $6 \div 4\frac{2}{3} =$

⑤ $1 \div 2\frac{1}{5} =$

⑥ $5 \div 1\frac{9}{16} =$

⑦ $3 \div 2\frac{1}{2} =$

⑧ $5 \div 1\frac{5}{13} =$

⑨ $2 \div 4\frac{5}{9} =$

⑩ $8 \div 3\frac{3}{4} =$

⑪ $4 \div 1\frac{5}{6} =$

⑫ $5 \div 2\frac{2}{9} =$

⑬ $3 \div 1\frac{3}{4} =$

⑭ $4 \div 3\frac{1}{5} =$

⑮ $5 \div 2\frac{2}{3} =$

⑯ $6 \div 1\frac{3}{7} =$

5 (자연수)÷(분수)

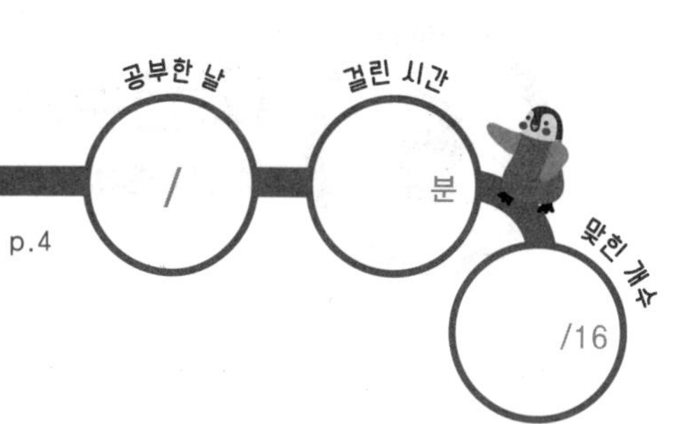

정답: p.4

나눗셈을 하세요.

① $2 \div \frac{1}{4} =$

② $4 \div \frac{1}{5} =$

③ $5 \div \frac{1}{8} =$

④ $6 \div \frac{1}{4} =$

⑤ $5 \div \frac{1}{7} =$

⑥ $1 \div \frac{1}{5} =$

⑦ $3 \div \frac{1}{11} =$

⑧ $4 \div \frac{1}{2} =$

⑨ $2 \div \frac{1}{5} =$

⑩ $4 \div \frac{1}{17} =$

⑪ $5 \div \frac{1}{9} =$

⑫ $8 \div \frac{1}{3} =$

⑬ $6 \div \frac{1}{18} =$

⑭ $3 \div \frac{1}{13} =$

⑮ $4 \div \frac{1}{5} =$

⑯ $7 \div \frac{1}{9} =$

6 (자연수)÷(분수)

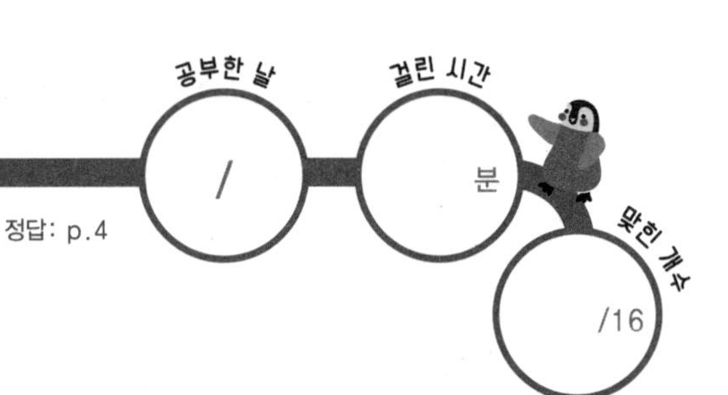

정답: p.4

나눗셈을 하세요.

① $3 \div \frac{2}{3} =$

② $1 \div \frac{11}{17} =$

③ $2 \div \frac{5}{9} =$

④ $7 \div \frac{4}{5} =$

⑤ $5 \div \frac{5}{8} =$

⑥ $4 \div \frac{7}{12} =$

⑦ $5 \div \frac{7}{18} =$

⑧ $6 \div \frac{3}{8} =$

⑨ $2 \div \frac{4}{13} =$

⑩ $5 \div \frac{3}{8} =$

⑪ $4 \div \frac{4}{7} =$

⑫ $1 \div \frac{4}{17} =$

⑬ $6 \div \frac{4}{13} =$

⑭ $5 \div \frac{1}{6} =$

⑮ $6 \div \frac{2}{5} =$

⑯ $8 \div \frac{4}{7} =$

7 (자연수)÷(분수)

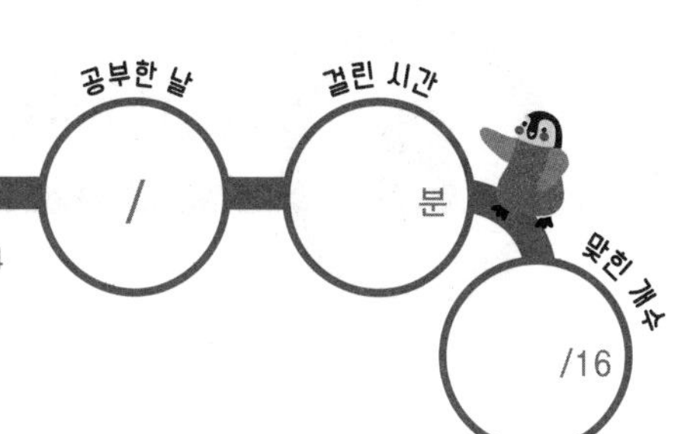

정답: p.4

나눗셈을 하세요.

① $2 \div \frac{13}{3} =$

② $1 \div \frac{11}{10} =$

③ $6 \div \frac{9}{7} =$

④ $7 \div \frac{8}{5} =$

⑤ $8 \div \frac{13}{8} =$

⑥ $3 \div \frac{9}{4} =$

⑦ $5 \div \frac{21}{17} =$

⑧ $2 \div \frac{6}{5} =$

⑨ $7 \div \frac{8}{7} =$

⑩ $5 \div \frac{20}{11} =$

⑪ $3 \div \frac{14}{9} =$

⑫ $9 \div \frac{11}{6} =$

⑬ $1 \div \frac{7}{3} =$

⑭ $5 \div \frac{6}{5} =$

⑮ $10 \div \frac{9}{2} =$

⑯ $6 \div \frac{5}{3} =$

8 (자연수)÷(분수)

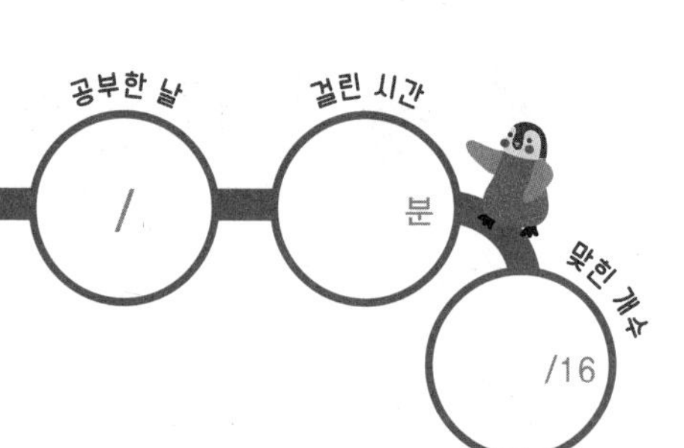

정답: p.4

나눗셈을 하세요.

① $7 \div 2\frac{3}{7} =$

② $1 \div 5\frac{3}{7} =$

③ $4 \div 4\frac{3}{7} =$

④ $2 \div 1\frac{3}{7} =$

⑤ $4 \div 2\frac{4}{9} =$

⑥ $5 \div 3\frac{1}{3} =$

⑦ $5 \div 4\frac{6}{11} =$

⑧ $6 \div 2\frac{4}{7} =$

⑨ $5 \div 2\frac{3}{5} =$

⑩ $1 \div 1\frac{6}{9} =$

⑪ $4 \div 3\frac{7}{15} =$

⑫ $2 \div 2\frac{3}{8} =$

⑬ $7 \div 4\frac{2}{3} =$

⑭ $8 \div 2\frac{1}{6} =$

⑮ $8 \div 6\frac{2}{5} =$

⑯ $9 \div 1\frac{5}{7} =$

무료 동영상강의로
개념을 쉽게 배워보세요!

분모가 같은 (진분수)÷(진분수)

분모가 같은 진분수끼리의 나눗셈

$\frac{▲}{■} \div \frac{●}{■}$=▲÷●로 고쳐서 분자끼리의 나눗셈으로 계산하거나 나누는 진분수의 분모와 분자를 바꾸어 $\frac{▲}{■} \div \frac{●}{■}$를 $\frac{▲}{■} \times \frac{■}{●}$로 고쳐서 분수의 곱셈으로 계산해요. 이때 계산 과정에서 약분이 되면 약분을 하고, 계산 결과가 가분수이면 대분수로 고쳐서 나타내요.

분모가 같은 진분수끼리의 나눗셈 (1)

$$\frac{7}{8} \div \frac{3}{8} = 7 \div 3 = \frac{7}{3} = 2\frac{1}{3}$$

$$\frac{10}{11} \div \frac{3}{11} = 10 \div 3 = \frac{10}{3} = 3\frac{1}{3}$$

분모가 같은 진분수끼리의 나눗셈 (2)

$$\frac{7}{8} \div \frac{3}{8} = \frac{7}{\cancel{8}_1} \times \frac{\cancel{8}^1}{3} = \frac{7}{3} = 2\frac{1}{3}$$

$$\frac{10}{11} \div \frac{3}{11} = \frac{10}{\cancel{11}_1} \times \frac{\cancel{11}^1}{3} = \frac{10}{3} = 3\frac{1}{3}$$

하나. 분모가 같은 진분수끼리의 나눗셈을 공부합니다.
둘. 분모가 같은 진분수끼리의 나눗셈은 분자끼리의 나눗셈과 결과가 같다는 것을 알게 합니다.

1 분모가 같은 (진분수)÷(진분수)

정답: p.5

분수의 나눗셈을 하세요.

① $\frac{2}{3} \div \frac{1}{3} =$

② $\frac{1}{4} \div \frac{3}{4} =$

③ $\frac{3}{5} \div \frac{4}{5} =$

④ $\frac{2}{7} \div \frac{5}{7} =$

⑤ $\frac{6}{7} \div \frac{2}{7} =$

⑥ $\frac{5}{8} \div \frac{3}{8} =$

⑦ $\frac{5}{8} \div \frac{7}{8} =$

⑧ $\frac{2}{9} \div \frac{5}{9} =$

⑨ $\frac{3}{10} \div \frac{9}{10} =$

⑩ $\frac{5}{12} \div \frac{7}{12} =$

⑪ $\frac{5}{14} \div \frac{3}{14} =$

⑫ $\frac{5}{18} \div \frac{7}{18} =$

⑬ $\frac{3}{19} \div \frac{10}{19} =$

⑭ $\frac{11}{20} \div \frac{3}{20} =$

⑮ $\frac{7}{23} \div \frac{14}{23} =$

⑯ $\frac{4}{25} \div \frac{6}{25} =$

2 분모가 같은 (진분수)÷(진분수)

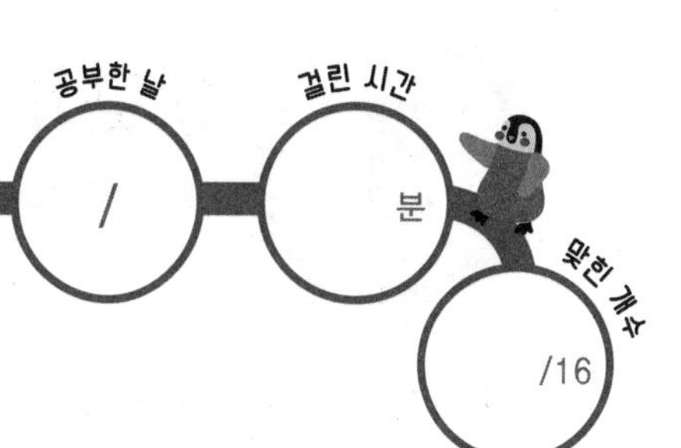

정답: p.5

분수의 나눗셈을 하세요.

① $\frac{7}{11} \div \frac{5}{11} =$

② $\frac{3}{19} \div \frac{4}{19} =$

③ $\frac{2}{3} \div \frac{1}{3} =$

④ $\frac{1}{4} \div \frac{3}{4} =$

⑤ $\frac{2}{5} \div \frac{1}{5} =$

⑥ $\frac{3}{8} \div \frac{7}{8} =$

⑦ $\frac{8}{15} \div \frac{4}{15} =$

⑧ $\frac{4}{21} \div \frac{8}{21} =$

⑨ $\frac{2}{23} \div \frac{12}{23} =$

⑩ $\frac{5}{26} \div \frac{7}{26} =$

⑪ $\frac{8}{9} \div \frac{1}{9} =$

⑫ $\frac{9}{10} \div \frac{3}{10} =$

⑬ $\frac{3}{14} \div \frac{11}{14} =$

⑭ $\frac{7}{16} \div \frac{1}{16} =$

⑮ $\frac{2}{7} \div \frac{6}{7} =$

⑯ $\frac{4}{15} \div \frac{2}{15} =$

3 분모가 같은 (진분수)÷(진분수)

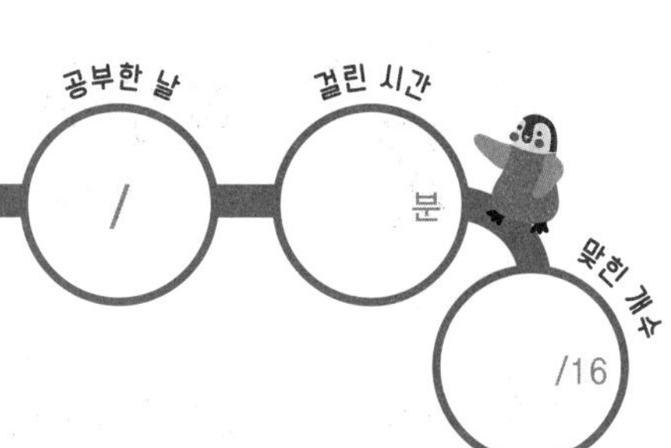

정답: p.5

분수의 나눗셈을 하세요.

① $\frac{3}{4} \div \frac{1}{4} =$

② $\frac{2}{5} \div \frac{3}{5} =$

③ $\frac{5}{6} \div \frac{1}{6} =$

④ $\frac{2}{7} \div \frac{6}{7} =$

⑤ $\frac{7}{8} \div \frac{3}{8} =$

⑥ $\frac{2}{9} \div \frac{5}{9} =$

⑦ $\frac{8}{9} \div \frac{4}{9} =$

⑧ $\frac{3}{10} \div \frac{7}{10} =$

⑨ $\frac{7}{12} \div \frac{5}{12} =$

⑩ $\frac{4}{13} \div \frac{8}{13} =$

⑪ $\frac{2}{15} \div \frac{4}{15} =$

⑫ $\frac{6}{17} \div \frac{2}{17} =$

⑬ $\frac{3}{20} \div \frac{9}{20} =$

⑭ $\frac{4}{21} \div \frac{14}{21} =$

⑮ $\frac{21}{25} \div \frac{9}{25} =$

⑯ $\frac{16}{27} \div \frac{8}{27} =$

분모가 같은 (진분수)÷(진분수)

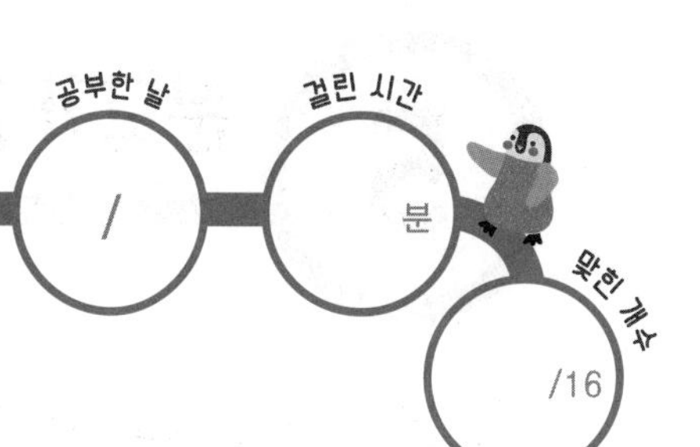

정답: p.5

분수의 나눗셈을 하세요.

① $\frac{9}{11} \div \frac{6}{11} =$

② $\frac{14}{31} \div \frac{11}{31} =$

③ $\frac{2}{7} \div \frac{3}{7} =$

④ $\frac{8}{21} \div \frac{4}{21} =$

⑤ $\frac{9}{23} \div \frac{10}{23} =$

⑥ $\frac{10}{27} \div \frac{5}{27} =$

⑦ $\frac{5}{6} \div \frac{1}{6} =$

⑧ $\frac{7}{12} \div \frac{7}{12} =$

⑨ $\frac{7}{12} \div \frac{1}{12} =$

⑩ $\frac{4}{15} \div \frac{13}{15} =$

⑪ $\frac{11}{18} \div \frac{7}{18} =$

⑫ $\frac{3}{29} \div \frac{1}{29} =$

⑬ $\frac{2}{3} \div \frac{1}{3} =$

⑭ $\frac{3}{8} \div \frac{5}{8} =$

⑮ $\frac{4}{9} \div \frac{7}{9} =$

⑯ $\frac{4}{17} \div \frac{6}{17} =$

5 분모가 같은 (진분수)÷(진분수)

공부한 날 /
걸린 시간 분
맞힌 개수 /16

정답: p.5

분수의 나눗셈을 하세요.

① $\frac{3}{5} \div \frac{2}{5} =$

② $\frac{6}{7} \div \frac{5}{7} =$

③ $\frac{4}{9} \div \frac{8}{9} =$

④ $\frac{5}{11} \div \frac{8}{11} =$

⑤ $\frac{7}{15} \div \frac{14}{15} =$

⑥ $\frac{2}{17} \div \frac{9}{17} =$

⑦ $\frac{3}{22} \div \frac{15}{22} =$

⑧ $\frac{9}{28} \div \frac{15}{28} =$

⑨ $\frac{2}{7} \div \frac{3}{7} =$

⑩ $\frac{7}{8} \div \frac{5}{8} =$

⑪ $\frac{9}{10} \div \frac{3}{10} =$

⑫ $\frac{6}{13} \div \frac{12}{13} =$

⑬ $\frac{15}{16} \div \frac{5}{16} =$

⑭ $\frac{13}{18} \div \frac{11}{18} =$

⑮ $\frac{21}{25} \div \frac{6}{25} =$

⑯ $\frac{17}{30} \div \frac{29}{30} =$

6 분모가 같은 (진분수)÷(진분수)

공부한 날 /
걸린 시간 분
맞힌 개수 /16

정답: p.5

분수의 나눗셈을 하세요.

① $\frac{5}{28} \div \frac{27}{28} =$

② $\frac{7}{25} \div \frac{6}{25} =$

③ $\frac{1}{10} \div \frac{9}{10} =$

④ $\frac{8}{21} \div \frac{19}{21} =$

⑤ $\frac{2}{27} \div \frac{1}{27} =$

⑥ $\frac{17}{32} \div \frac{13}{32} =$

⑦ $\frac{7}{34} \div \frac{11}{34} =$

⑧ $\frac{3}{8} \div \frac{5}{8} =$

⑨ $\frac{1}{9} \div \frac{2}{9} =$

⑩ $\frac{1}{12} \div \frac{5}{12} =$

⑪ $\frac{4}{27} \div \frac{25}{27} =$

⑫ $\frac{8}{15} \div \frac{2}{15} =$

⑬ $\frac{1}{4} \div \frac{3}{4} =$

⑭ $\frac{3}{5} \div \frac{4}{5} =$

⑮ $\frac{4}{9} \div \frac{1}{9} =$

⑯ $\frac{2}{7} \div \frac{4}{7} =$

7 분모가 같은 (진분수)÷(진분수)

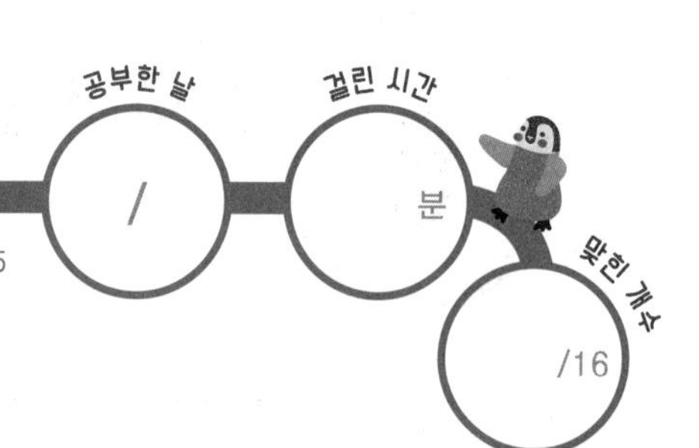

정답: p.5

분수의 나눗셈을 하세요.

① $\frac{2}{5} \div \frac{4}{5} =$

② $\frac{3}{7} \div \frac{6}{7} =$

③ $\frac{2}{9} \div \frac{8}{9} =$

④ $\frac{11}{12} \div \frac{5}{12} =$

⑤ $\frac{3}{16} \div \frac{7}{16} =$

⑥ $\frac{16}{19} \div \frac{8}{19} =$

⑦ $\frac{2}{23} \div \frac{14}{23} =$

⑧ $\frac{22}{27} \div \frac{11}{27} =$

⑨ $\frac{1}{6} \div \frac{5}{6} =$

⑩ $\frac{3}{8} \div \frac{7}{8} =$

⑪ $\frac{10}{11} \div \frac{2}{11} =$

⑫ $\frac{7}{15} \div \frac{4}{15} =$

⑬ $\frac{15}{16} \div \frac{9}{16} =$

⑭ $\frac{4}{21} \div \frac{20}{21} =$

⑮ $\frac{13}{25} \div \frac{6}{25} =$

⑯ $\frac{8}{33} \div \frac{32}{33} =$

8 분모가 같은 (진분수)÷(진분수)

정답: p.5

분수의 나눗셈을 하세요.

① $\frac{2}{15} \div \frac{8}{15} =$

② $\frac{19}{36} \div \frac{5}{36} =$

③ $\frac{25}{28} \div \frac{15}{28} =$

④ $\frac{5}{12} \div \frac{1}{12} =$

⑤ $\frac{3}{14} \div \frac{13}{14} =$

⑥ $\frac{7}{16} \div \frac{9}{16} =$

⑦ $\frac{6}{25} \div \frac{4}{25} =$

⑧ $\frac{3}{8} \div \frac{5}{8} =$

⑨ $\frac{9}{10} \div \frac{3}{10} =$

⑩ $\frac{8}{11} \div \frac{10}{11} =$

⑪ $\frac{19}{20} \div \frac{13}{20} =$

⑫ $\frac{3}{5} \div \frac{1}{5} =$

⑬ $\frac{3}{7} \div \frac{4}{7} =$

⑭ $\frac{5}{13} \div \frac{11}{13} =$

⑮ $\frac{2}{3} \div \frac{1}{3} =$

⑯ $\frac{2}{9} \div \frac{8}{9} =$

실력 체크

중간 점검

1 (자연수)÷(자연수), (진분수)÷(자연수)
2 (가분수)÷(자연수), (대분수)÷(자연수)
3 (자연수)÷(분수)
4 분모가 같은 (진분수)÷(진분수)

(자연수)÷(자연수), (진분수)÷(자연수)

공부한 날	월	일
걸린 시간	분	초
맞힌 개수		/16

정답: p.6

나눗셈을 하세요.

① $3 \div 7 =$

② $4 \div 5 =$

③ $4 \div 7 =$

④ $5 \div 9 =$

⑤ $2 \div 4 =$

⑥ $6 \div 7 =$

⑦ $7 \div 4 =$

⑧ $5 \div 8 =$

⑨ $\frac{1}{7} \div 5 =$

⑩ $\frac{1}{2} \div 4 =$

⑪ $\frac{4}{5} \div 3 =$

⑫ $\frac{2}{3} \div 6 =$

⑬ $\frac{5}{7} \div 4 =$

⑭ $\frac{3}{4} \div 2 =$

⑮ $\frac{7}{8} \div 3 =$

⑯ $\frac{5}{6} \div 6 =$

(자연수)÷(자연수), (진분수)÷(자연수)

공부한 날	월	일
걸린 시간	분	초
맞힌 개수		/12

정답: p.6

나눗셈을 하세요.

① $5 \div 4 =$

⑦ $\frac{4}{5} \div 4 =$

② $9 \div 3 =$

⑧ $\frac{1}{6} \div 3 =$

③ $15 \div 9 =$

⑨ $\frac{5}{9} \div 7 =$

④ $5 \div 11 =$

⑩ $\frac{1}{3} \div 5 =$

⑤ $7 \div 4 =$

⑪ $\frac{3}{4} \div 2 =$

⑥ $2 \div 9 =$

⑫ $\frac{2}{9} \div 9 =$

(가분수)÷(자연수), (대분수)÷(자연수)

공부한 날	월	일
걸린 시간	분	초
맞힌 개수		/16

정답: p.6

나눗셈을 하세요.

① $\frac{12}{5} \div 4 =$

② $\frac{8}{3} \div 3 =$

③ $\frac{17}{3} \div 9 =$

④ $\frac{14}{11} \div 7 =$

⑤ $\frac{7}{5} \div 3 =$

⑥ $\frac{18}{7} \div 3 =$

⑦ $\frac{10}{6} \div 5 =$

⑧ $\frac{9}{2} \div 5 =$

⑨ $5\frac{1}{7} \div 5 =$

⑩ $6\frac{1}{2} \div 4 =$

⑪ $3\frac{4}{5} \div 3 =$

⑫ $7\frac{2}{3} \div 6 =$

⑬ $3\frac{5}{7} \div 4 =$

⑭ $1\frac{3}{4} \div 2 =$

⑮ $4\frac{7}{8} \div 3 =$

⑯ $5\frac{5}{6} \div 6 =$

2-B (가분수)÷(자연수), (대분수)÷(자연수)

공부한 날	월	일
걸린 시간	분	초
맞힌 개수		/12

정답: p.6

나눗셈을 하세요.

① $\frac{12}{5}\div 4=$

⑦ $2\frac{4}{5}\div 4=$

② $\frac{15}{7}\div 9=$

⑧ $3\frac{1}{6}\div 3=$

③ $\frac{18}{5}\div 7=$

⑨ $1\frac{5}{9}\div 7=$

④ $\frac{8}{3}\div 2=$

⑩ $1\frac{1}{3}\div 5=$

⑤ $\frac{5}{4}\div 7=$

⑪ $2\frac{3}{4}\div 8=$

⑥ $\frac{11}{10}\div 11=$

⑫ $2\frac{2}{9}\div 2=$

(자연수)÷(분수)

공부한 날	월	일
걸린 시간	분	초
맞힌 개수		/16

정답: p.7

나눗셈을 하세요.

① $4 \div \frac{1}{7} =$

② $2 \div \frac{1}{5} =$

③ $3 \div \frac{1}{8} =$

④ $7 \div \frac{1}{5} =$

⑤ $5 \div \frac{3}{8} =$

⑥ $6 \div \frac{2}{3} =$

⑦ $9 \div \frac{3}{4} =$

⑧ $5 \div \frac{5}{9} =$

⑨ $2 \div \frac{9}{5} =$

⑩ $3 \div \frac{12}{7} =$

⑪ $7 \div \frac{15}{6} =$

⑫ $1 \div \frac{11}{4} =$

⑬ $6 \div 1\frac{4}{10} =$

⑭ $5 \div 5\frac{2}{3} =$

⑮ $2 \div 3\frac{5}{7} =$

⑯ $4 \div 1\frac{4}{11} =$

(자연수)÷(분수)

공부한 날	월	일
걸린 시간	분	초
맞힌 개수		/12

정답: p.7

나눗셈을 하세요.

① $1 \div \frac{1}{10} =$

② $2 \div \frac{1}{5} =$

③ $7 \div \frac{1}{4} =$

④ $5 \div \frac{3}{5} =$

⑤ $7 \div \frac{3}{4} =$

⑥ $2 \div \frac{5}{9} =$

⑦ $5 \div \frac{15}{9} =$

⑧ $7 \div \frac{11}{6} =$

⑨ $2 \div \frac{6}{5} =$

⑩ $4 \div 1\frac{2}{5} =$

⑪ $5 \div 2\frac{5}{12} =$

⑫ $8 \div 2\frac{2}{9} =$

4-A 분모가 같은 (진분수)÷(진분수)

공부한 날	월	일
걸린 시간	분	초
맞힌 개수		/16

정답: p.7

분수의 나눗셈을 하세요.

① $\frac{1}{3} \div \frac{2}{3} =$

② $\frac{3}{13} \div \frac{12}{13} =$

③ $\frac{9}{17} \div \frac{3}{17} =$

④ $\frac{5}{7} \div \frac{4}{7} =$

⑤ $\frac{7}{9} \div \frac{8}{9} =$

⑥ $\frac{1}{5} \div \frac{4}{5} =$

⑦ $\frac{17}{24} \div \frac{5}{24} =$

⑧ $\frac{21}{32} \div \frac{9}{32} =$

⑨ $\frac{2}{15} \div \frac{8}{15} =$

⑩ $\frac{3}{4} \div \frac{1}{4} =$

⑪ $\frac{24}{25} \div \frac{16}{25} =$

⑫ $\frac{3}{7} \div \frac{6}{7} =$

⑬ $\frac{2}{21} \div \frac{20}{21} =$

⑭ $\frac{18}{19} \div \frac{6}{19} =$

⑮ $\frac{16}{19} \div \frac{12}{19} =$

⑯ $\frac{9}{10} \div \frac{7}{10} =$

4-B 분모가 같은 (진분수)÷(진분수)

공부한 날	월	일
걸린 시간	분	초
맞힌 개수		/12

정답: p.7

분수의 나눗셈을 하세요.

① $\frac{4}{13} \div \frac{10}{13} =$

② $\frac{5}{9} \div \frac{7}{9} =$

③ $\frac{2}{7} \div \frac{5}{7} =$

④ $\frac{1}{8} \div \frac{3}{8} =$

⑤ $\frac{2}{3} \div \frac{1}{3} =$

⑥ $\frac{21}{25} \div \frac{21}{25} =$

⑦ $\frac{2}{17} \div \frac{12}{17} =$

⑧ $\frac{5}{32} \div \frac{7}{32} =$

⑨ $\frac{19}{21} \div \frac{4}{21} =$

⑩ $\frac{5}{6} \div \frac{1}{6} =$

⑪ $\frac{13}{18} \div \frac{1}{18} =$

⑫ $\frac{6}{7} \div \frac{1}{7} =$

분모가 같은 (대분수)÷(대분수)

분모가 같은 대분수끼리의 나눗셈

먼저 대분수를 가분수로 고친 다음 분모가 같은 진분수끼리의 나눗셈과 같은 방법으로 계산해요.

분모가 같은 대분수끼리의 나눗셈 (1)

$$2\frac{2}{3} \div 2\frac{1}{3} = \frac{8}{3} \div \frac{7}{3} = 8 \div 7 = \frac{8}{7} = 1\frac{1}{7}$$

$$3\frac{1}{4} \div 1\frac{3}{4} = \frac{13}{4} \div \frac{7}{4} = 13 \div 7 = \frac{13}{7} = 1\frac{6}{7}$$

분모가 같은 대분수끼리의 나눗셈 (2)

$$2\frac{2}{3} \div 2\frac{1}{3} = \frac{8}{3} \div \frac{7}{3} = \frac{8}{\cancel{3}_1} \times \frac{\cancel{3}^1}{7} = \frac{8}{7} = 1\frac{1}{7}$$

$$3\frac{1}{4} \div 1\frac{3}{4} = \frac{13}{4} \div \frac{7}{4} = \frac{13}{\cancel{4}_1} \times \frac{\cancel{4}^1}{7} = \frac{13}{7} = 1\frac{6}{7}$$

하나. 분모가 같은 대분수끼리의 나눗셈을 공부합니다.
둘. 분모가 같은 진분수끼리의 나눗셈은 분자끼리의 나눗셈과 결과가 같다는 것을 알게 합니다.

1 분모가 같은 (대분수)÷(대분수)

공부한 날 /
걸린 시간 분
맞힌 개수 /16

정답: p.8

분수의 나눗셈을 하세요.

① $1\frac{1}{3} \div 1\frac{2}{3} =$

② $2\frac{1}{4} \div 2\frac{3}{4} =$

③ $2\frac{2}{5} \div 2\frac{4}{5} =$

④ $2\frac{1}{7} \div 1\frac{5}{7} =$

⑤ $3\frac{3}{7} \div 1\frac{5}{7} =$

⑥ $5\frac{7}{8} \div 5\frac{3}{8} =$

⑦ $4\frac{3}{8} \div 4\frac{7}{8} =$

⑧ $5\frac{1}{9} \div 4\frac{5}{9} =$

⑨ $1\frac{3}{10} \div 2\frac{9}{10} =$

⑩ $1\frac{1}{12} \div 1\frac{11}{12} =$

⑪ $3\frac{5}{14} \div 2\frac{3}{14} =$

⑫ $5\frac{7}{18} \div 3\frac{13}{18} =$

⑬ $6\frac{3}{19} \div 2\frac{10}{19} =$

⑭ $4\frac{9}{20} \div 1\frac{3}{20} =$

⑮ $5\frac{7}{23} \div 3\frac{14}{23} =$

⑯ $6\frac{2}{25} \div 6\frac{12}{25} =$

2 분모가 같은 (대분수)÷(대분수)

공부한 날 /
걸린 시간 분
맞힌 개수 /16

정답: p.8

분수의 나눗셈을 하세요.

① $1\frac{4}{13} \div 2\frac{8}{13} =$

② $1\frac{3}{19} \div 2\frac{4}{19} =$

③ $2\frac{2}{3} \div 1\frac{1}{3} =$

④ $2\frac{3}{5} \div 3\frac{1}{5} =$

⑤ $2\frac{3}{7} \div 1\frac{1}{7} =$

⑥ $2\frac{5}{8} \div 1\frac{7}{8} =$

⑦ $2\frac{4}{14} \div 1\frac{8}{14} =$

⑧ $2\frac{9}{21} \div 1\frac{3}{21} =$

⑨ $2\frac{4}{21} \div 1\frac{12}{21} =$

⑩ $2\frac{5}{27} \div 1\frac{7}{27} =$

⑪ $3\frac{2}{9} \div 2\frac{1}{9} =$

⑫ $3\frac{7}{10} \div 1\frac{3}{10} =$

⑬ $3\frac{1}{12} \div 1\frac{11}{12} =$

⑭ $3\frac{7}{16} \div 2\frac{1}{16} =$

⑮ $4\frac{1}{7} \div 2\frac{5}{7} =$

⑯ $4\frac{5}{14} \div 2\frac{2}{14} =$

3 분모가 같은 (대분수)÷(대분수)

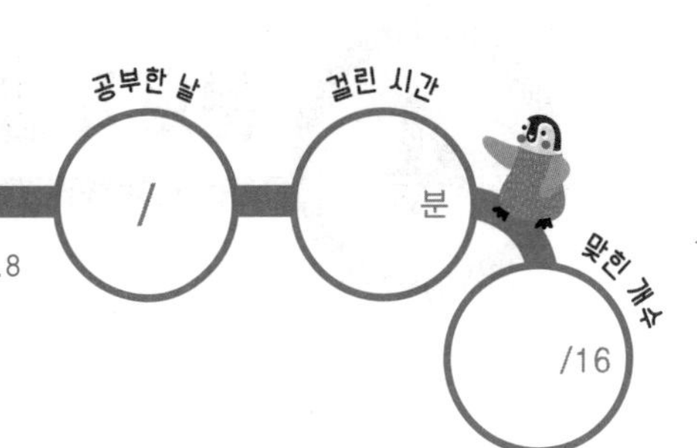

정답: p.8

분수의 나눗셈을 하세요.

① $1\frac{5}{7} \div 1\frac{1}{7} =$

② $1\frac{2}{15} \div 1\frac{3}{15} =$

③ $2\frac{1}{6} \div 2\frac{5}{6} =$

④ $2\frac{1}{7} \div 1\frac{5}{7} =$

⑤ $3\frac{7}{9} \div 2\frac{3}{9} =$

⑥ $3\frac{2}{5} \div 1\frac{3}{5} =$

⑦ $5\frac{7}{8} \div 4\frac{4}{8} =$

⑧ $5\frac{4}{10} \div 5\frac{7}{10} =$

⑨ $2\frac{1}{13} \div 2\frac{5}{13} =$

⑩ $2\frac{3}{17} \div 1\frac{8}{17} =$

⑪ $3\frac{2}{15} \div 3\frac{4}{15} =$

⑫ $5\frac{6}{11} \div 3\frac{1}{11} =$

⑬ $5\frac{1}{20} \div 2\frac{17}{20} =$

⑭ $4\frac{5}{21} \div 4\frac{11}{21} =$

⑮ $6\frac{11}{15} \div 4\frac{9}{15} =$

⑯ $5\frac{12}{27} \div 5\frac{7}{27} =$

4 분모가 같은 (대분수)÷(대분수)

공부한 날 /
걸린 시간 분
맞힌 개수 /16

정답: p.8

분수의 나눗셈을 하세요.

① $1\frac{4}{11} \div 4\frac{7}{11} =$

② $1\frac{14}{41} \div 2\frac{11}{41} =$

③ $2\frac{2}{5} \div 3\frac{3}{5} =$

④ $2\frac{17}{31} \div 1\frac{5}{31} =$

⑤ $2\frac{7}{33} \div 1\frac{11}{33} =$

⑥ $2\frac{10}{17} \div 1\frac{2}{17} =$

⑦ $3\frac{1}{6} \div 1\frac{5}{6} =$

⑧ $3\frac{1}{22} \div 1\frac{7}{22} =$

⑨ $3\frac{7}{15} \div 2\frac{1}{15} =$

⑩ $3\frac{5}{14} \div 1\frac{13}{14} =$

⑪ $3\frac{11}{28} \div 1\frac{9}{28} =$

⑫ $3\frac{3}{19} \div 1\frac{1}{19} =$

⑬ $4\frac{2}{13} \div 3\frac{11}{13} =$

⑭ $4\frac{1}{18} \div 2\frac{5}{18} =$

⑮ $4\frac{1}{12} \div 1\frac{7}{12} =$

⑯ $4\frac{1}{17} \div 2\frac{9}{17} =$

5 분모가 같은 (대분수)÷(대분수)

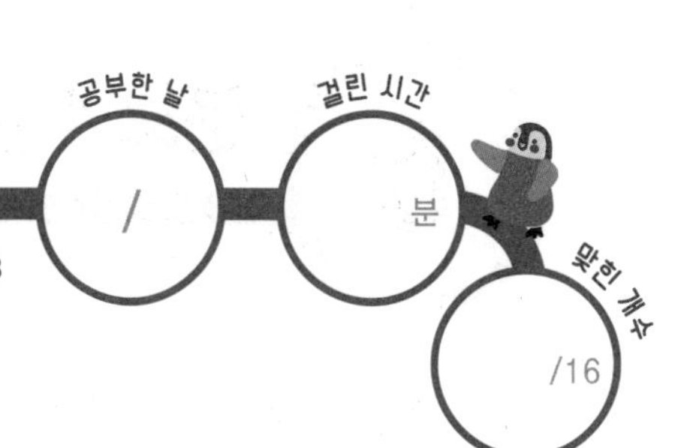

정답: p.8

분수의 나눗셈을 하세요.

① $1\frac{3}{7} \div 1\frac{1}{7} =$

② $1\frac{6}{15} \div 2\frac{8}{15} =$

③ $2\frac{4}{9} \div 1\frac{8}{9} =$

④ $2\frac{3}{11} \div 2\frac{7}{11} =$

⑤ $4\frac{4}{15} \div 3\frac{1}{15} =$

⑥ $4\frac{8}{17} \div 4\frac{14}{17} =$

⑦ $5\frac{7}{32} \div 2\frac{19}{32} =$

⑧ $5\frac{10}{29} \div 4\frac{15}{29} =$

⑨ $2\frac{2}{17} \div 1\frac{3}{17} =$

⑩ $3\frac{5}{8} \div 2\frac{7}{8} =$

⑪ $5\frac{9}{11} \div 6\frac{3}{11} =$

⑫ $1\frac{5}{13} \div 4\frac{11}{13} =$

⑬ $2\frac{11}{17} \div 3\frac{8}{17} =$

⑭ $4\frac{1}{18} \div 2\frac{13}{18} =$

⑮ $3\frac{21}{28} \div 1\frac{5}{28} =$

⑯ $6\frac{7}{10} \div 5\frac{9}{10} =$

6 분모가 같은 (대분수)÷(대분수)

공부한 날 /
걸린 시간 분
맞힌 개수 /16

정답: p.8

분수의 나눗셈을 하세요.

① $1\frac{5}{18} \div 1\frac{17}{18} =$

② $1\frac{17}{25} \div 2\frac{16}{25} =$

③ $2\frac{1}{10} \div 4\frac{3}{10} =$

④ $2\frac{8}{11} \div 1\frac{9}{11} =$

⑤ $2\frac{12}{27} \div 1\frac{1}{27} =$

⑥ $2\frac{7}{32} \div 1\frac{23}{32} =$

⑦ $2\frac{7}{24} \div 1\frac{11}{24} =$

⑧ $3\frac{4}{9} \div 5\frac{5}{9} =$

⑨ $3\frac{1}{10} \div 2\frac{2}{10} =$

⑩ $3\frac{11}{12} \div 2\frac{5}{12} =$

⑪ $3\frac{14}{17} \div 1\frac{5}{17} =$

⑫ $4\frac{8}{17} \div 1\frac{2}{17} =$

⑬ $5\frac{1}{14} \div 3\frac{3}{14} =$

⑭ $5\frac{3}{5} \div 2\frac{4}{5} =$

⑮ $5\frac{4}{19} \div 3\frac{1}{19} =$

⑯ $6\frac{1}{17} \div 1\frac{14}{17} =$

분모가 같은 (대분수)÷(대분수)

공부한 날 /
걸린 시간 분
맞힌 개수 /16

정답: p.8

분수의 나눗셈을 하세요.

① $1\frac{2}{15} \div 3\frac{4}{15} =$

② $2\frac{3}{17} \div 4\frac{16}{17} =$

③ $5\frac{1}{14} \div 3\frac{8}{14} =$

④ $4\frac{7}{23} \div 1\frac{15}{23} =$

⑤ $2\frac{3}{14} \div 1\frac{7}{14} =$

⑥ $2\frac{5}{19} \div 4\frac{8}{19} =$

⑦ $5\frac{12}{33} \div 2\frac{24}{33} =$

⑧ $5\frac{12}{27} \div 4\frac{21}{27} =$

⑨ $2\frac{1}{16} \div 2\frac{5}{16} =$

⑩ $3\frac{3}{18} \div 1\frac{7}{18} =$

⑪ $3\frac{10}{11} \div 2\frac{2}{11} =$

⑫ $4\frac{7}{35} \div 2\frac{14}{35} =$

⑬ $5\frac{5}{16} \div 6\frac{9}{16} =$

⑭ $4\frac{4}{21} \div 4\frac{10}{21} =$

⑮ $2\frac{13}{35} \div 5\frac{6}{35} =$

⑯ $5\frac{8}{23} \div 4\frac{12}{23} =$

8 분모가 같은 (대분수)÷(대분수)

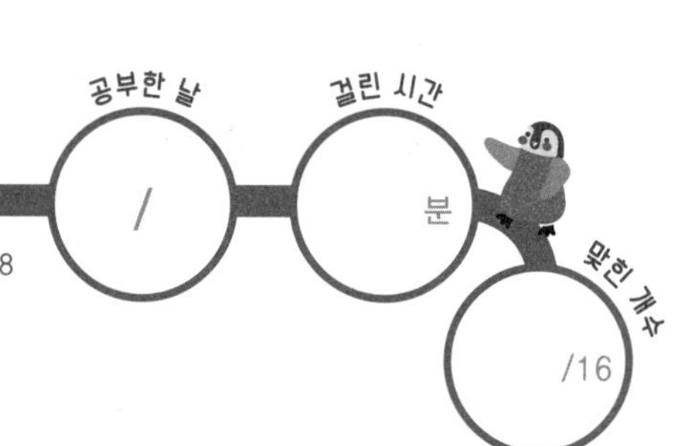

정답: p.8

분수의 나눗셈을 하세요.

① $1\frac{1}{15} \div 4\frac{7}{15} =$

② $1\frac{17}{26} \div 2\frac{5}{26} =$

③ $2\frac{2}{18} \div 3\frac{5}{18} =$

④ $3\frac{15}{22} \div 2\frac{1}{22} =$

⑤ $3\frac{23}{24} \div 3\frac{13}{24} =$

⑥ $3\frac{5}{16} \div 1\frac{11}{16} =$

⑦ $3\frac{16}{25} \div 2\frac{4}{25} =$

⑧ $4\frac{3}{13} \div 5\frac{5}{13} =$

⑨ $4\frac{7}{18} \div 6\frac{3}{18} =$

⑩ $4\frac{4}{11} \div 5\frac{10}{11} =$

⑪ $4\frac{19}{30} \div 1\frac{11}{30} =$

⑫ $5\frac{5}{21} \div 3\frac{1}{21} =$

⑬ $5\frac{7}{15} \div 2\frac{1}{15} =$

⑭ $5\frac{5}{33} \div 3\frac{17}{33} =$

⑮ $6\frac{2}{13} \div 1\frac{1}{13} =$

⑯ $6\frac{1}{9} \div 3\frac{8}{9} =$

무료 동영상강의로
개념을 쉽게 배워보세요!

6 나누어떨어지는 (소수)÷(자연수)

몫이 소수 한 자리 수 또는 두 자리 수인 나눗셈

자연수의 나눗셈과 같은 방법으로 계산한 후 몫의 소수점을 나누어지는 수의 소수점의 자리에 맞추어 찍어요. 이때 소수점 앞의 수를 나누는 수로 나눌 수 없을 때에는 몫에 0을 쓰고 소수점을 찍은 다음 자연수의 나눗셈과 같이 계산해요.

몫이 소수 한 자리 수인 나눗셈

```
    1.2          3.1          0.4
  ┌───         ┌───         ┌───
2 │2.4       3 │9.3       8 │3.2
   2            9            3 2
   ───          ───          ───
     4            3            0
     4            3
   ───          ───
     0            0
```

3을 8로 나눌 수 없으므로 몫의 자연수 부분에 0을 써줍니다.

몫이 소수 두 자리 수인 나눗셈

```
    1.1 8           7.4 3
  ┌─────         ┌───────
4 │4.7 2       7 │5 2.0 1
   4              4 9
   ─────          ───────
     7              3 0
     4              2 8
   ─────          ───────
     3 2              2 1
     3 2              2 1
   ─────          ───────
       0                0
```

하나. 소수와 자연수의 나눗셈을 공부합니다.

둘. 분수의 곱셈으로 고쳐서 계산하는 방법도 있음을 알게 합니다.

(예) $2.4 \div 2 = \frac{24}{10} \div 2 = \frac{24 \div 2}{10} = \frac{12}{10} = 1.2$

셋. (소수)÷(자연수)에서 몫의 소수점은 나누어지는 수의 소수점의 자리에 맞추어 찍습니다.

나누어떨어지는 (소수)÷(자연수)

공부한 날 /
걸린 시간 분
맞힌 개수 /9

정답: p.9

나눗셈을 하세요.

① 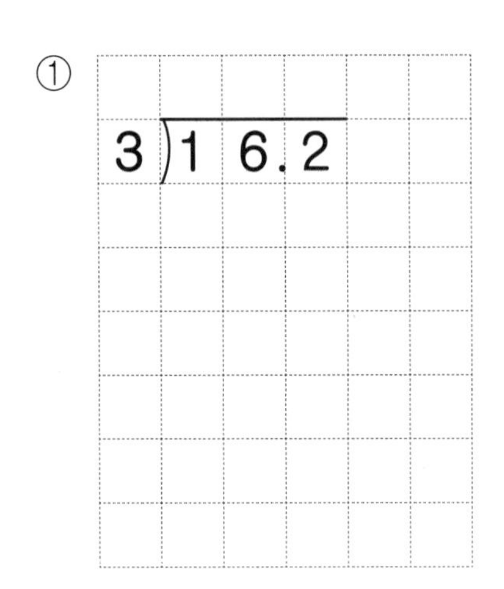

② 5)20.5

③ 8)29.84

④ 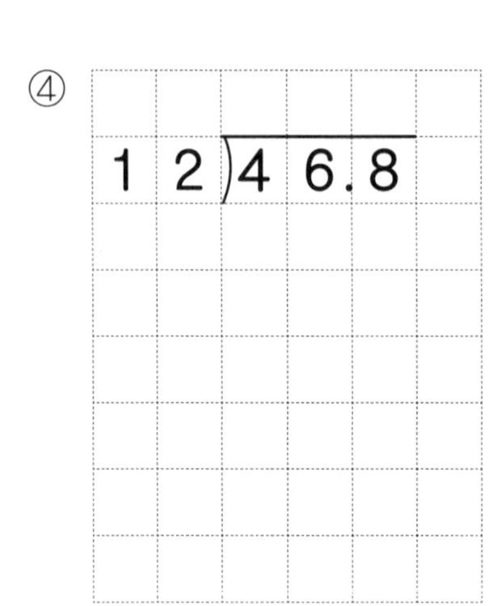

⑤ 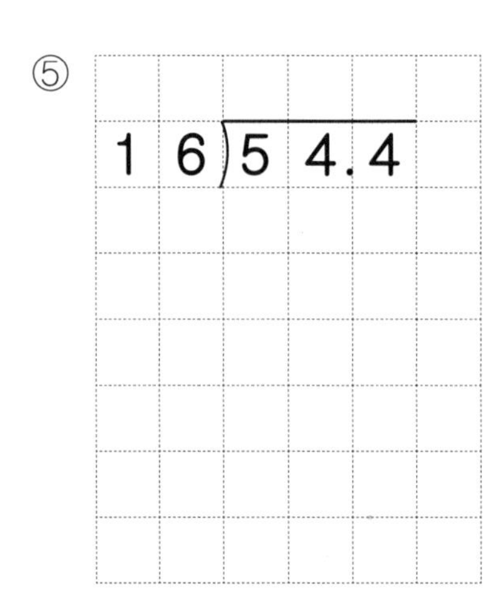

⑥ 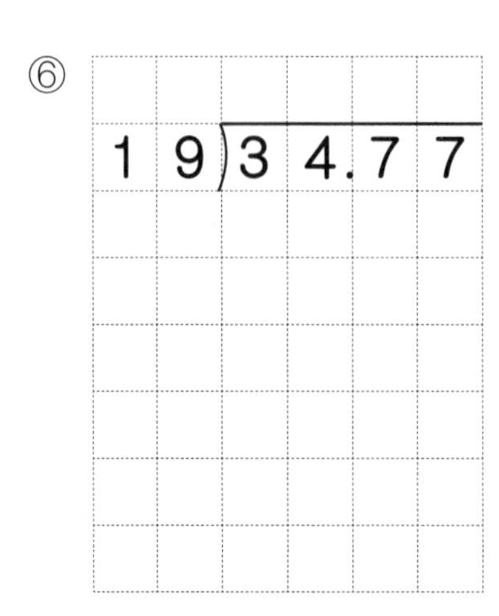

⑦ 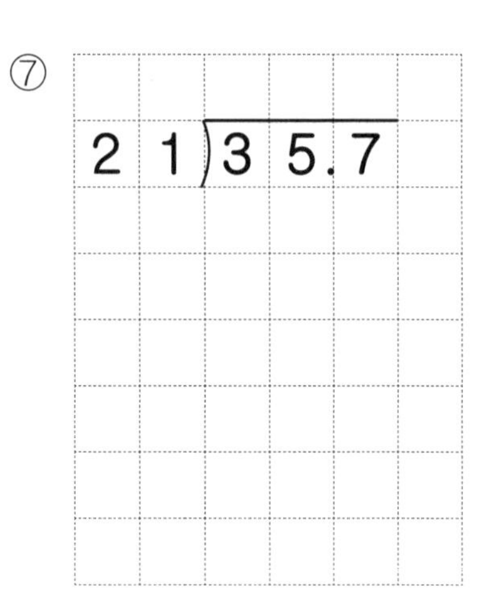

⑧ 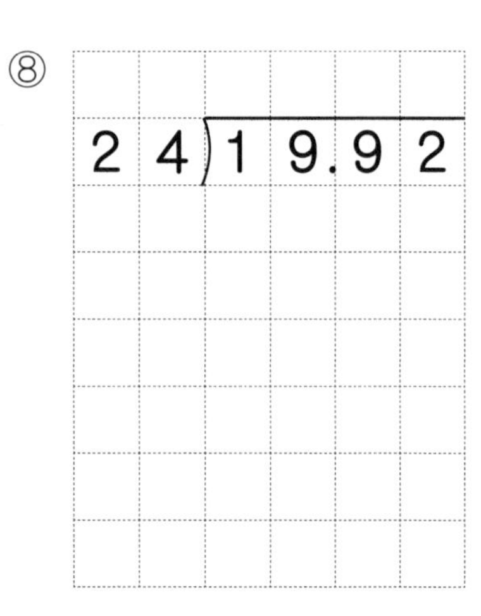

⑨ 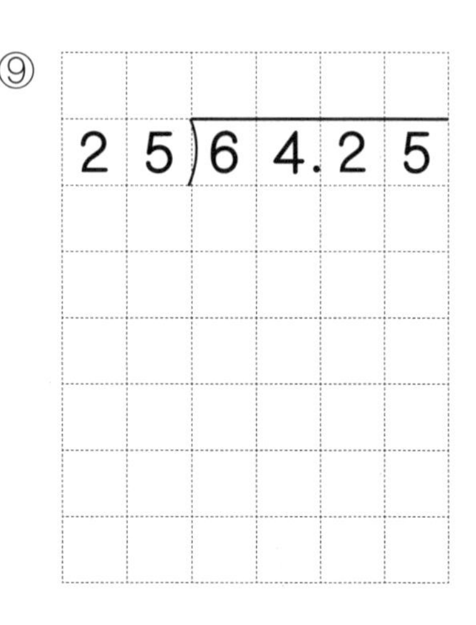

나누어떨어지는 (소수)÷(자연수)

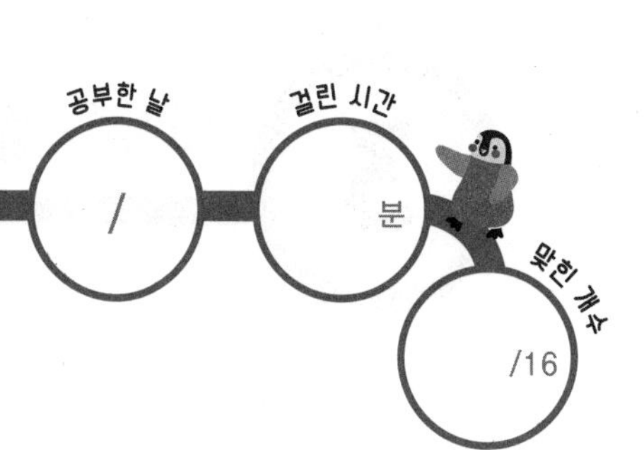

정답: p.9

나눗셈을 하세요.

① $6.9 \div 3 =$

② $13.2 \div 12 =$

③ $22.2 \div 6 =$

④ $9.2 \div 4 =$

⑤ $34.5 \div 5 =$

⑥ $29.2 \div 4 =$

⑦ $46.8 \div 13 =$

⑧ $64.4 \div 28 =$

⑨ $40.5 \div 15 =$

⑩ $12.42 \div 23 =$

⑪ $8.68 \div 7 =$

⑫ $19.47 \div 3 =$

⑬ $44.37 \div 29 =$

⑭ $57.54 \div 21 =$

⑮ $10.4 \div 8 =$

⑯ $13.68 \div 18 =$

나누어떨어지는 (소수)÷(자연수)

공부한 날 /
걸린 시간 분
맞힌 개수 /9

정답: p.9

나눗셈을 하세요.

① $4 \overline{)30.8}$

④ $13 \overline{)45.37}$

⑦ $22 \overline{)59.62}$

② $6 \overline{)37.8}$

⑤ $15 \overline{)67.5}$

⑧ $26 \overline{)75.4}$

③ $8 \overline{)50.88}$

⑥ $18 \overline{)41.4}$

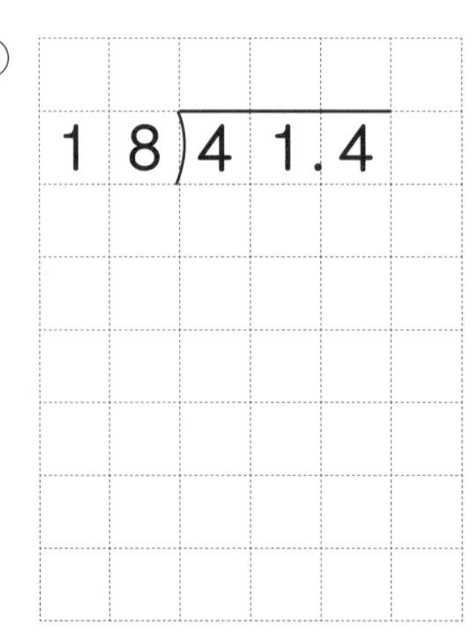

⑨ $29 \overline{)21.46}$

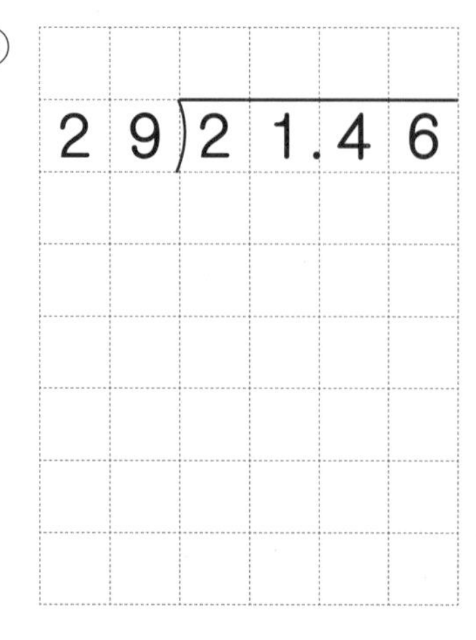

나누어떨어지는 (소수)÷(자연수)

공부한 날 /　걸린 시간 분　맞힌 개수 /16

정답: p.9

나눗셈을 하세요.

① $5.1 \div 3 =$

② $39.2 \div 4 =$

③ $28.2 \div 3 =$

④ $36.8 \div 8 =$

⑤ $18.5 \div 5 =$

⑥ $32.4 \div 6 =$

⑦ $43.2 \div 27 =$

⑧ $73.6 \div 32 =$

⑨ $44.8 \div 14 =$

⑩ $61.2 \div 18 =$

⑪ $29.68 \div 7 =$

⑫ $48.33 \div 9 =$

⑬ $26.73 \div 11 =$

⑭ $71.53 \div 23 =$

⑮ $27.5 \div 25 =$

⑯ $5.04 \div 8 =$

나누어떨어지는 (소수)÷(자연수)

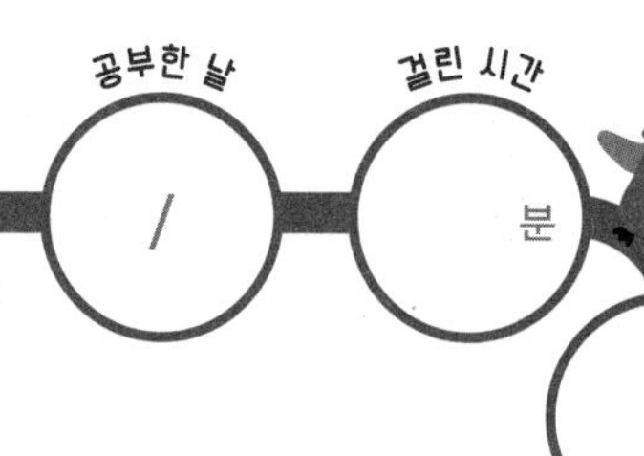

정답: p.9

나눗셈을 하세요.

① 5)48.5

② 14)60.2

③ 28)58.8

④
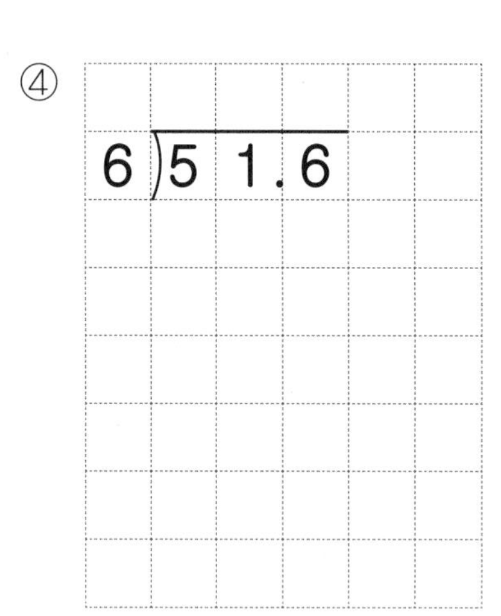

⑤

⑥
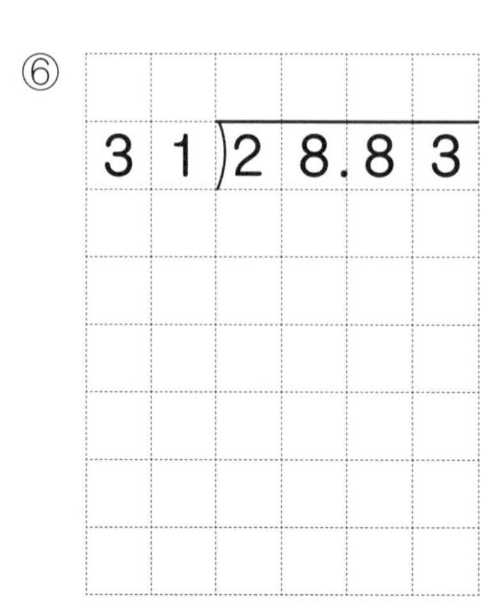

⑦

⑧
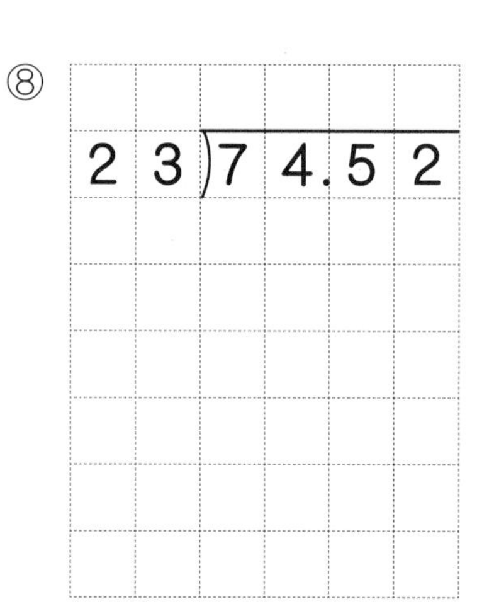

⑨
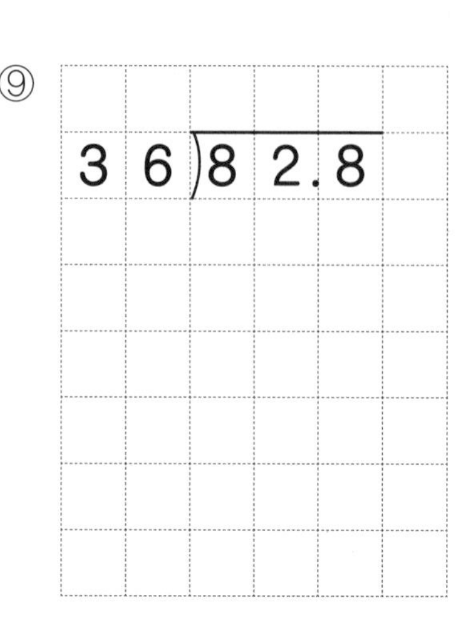

6 나누어떨어지는 (소수)÷(자연수)

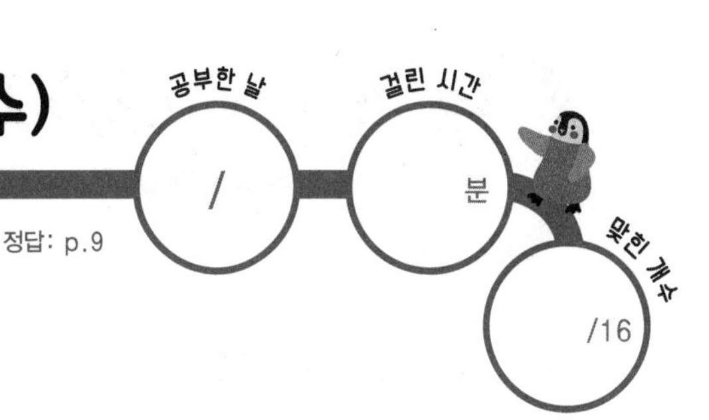

정답: p.9

나눗셈을 하세요.

① $24.3 \div 3 =$

② $8.4 \div 7 =$

③ $32.4 \div 9 =$

④ $25.8 \div 6 =$

⑤ $19.2 \div 8 =$

⑥ $10.8 \div 9 =$

⑦ $69.3 \div 11 =$

⑧ $78.2 \div 23 =$

⑨ $62.5 \div 25 =$

⑩ $49.6 \div 16 =$

⑪ $62.58 \div 7 =$

⑫ $57.12 \div 6 =$

⑬ $41.76 \div 18 =$

⑭ $87.68 \div 32 =$

⑮ $20.7 \div 9 =$

⑯ $15.12 \div 27 =$

나누어떨어지는 (소수)÷(자연수)

정답: p.9

나눗셈을 하세요.

① 4)37.04

② 13)74.1

③ 25)77.5

④

⑤

⑥
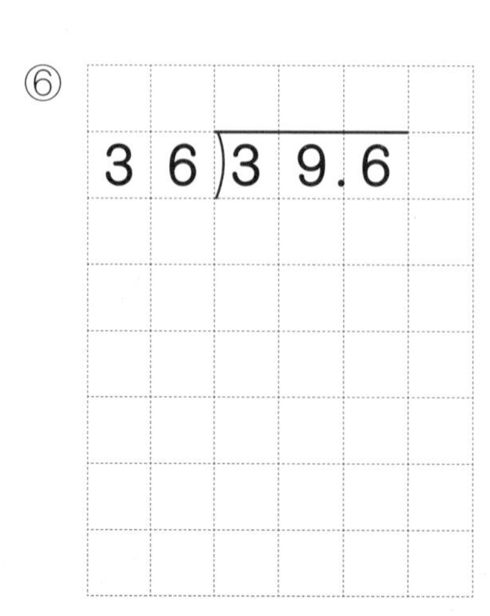

⑦
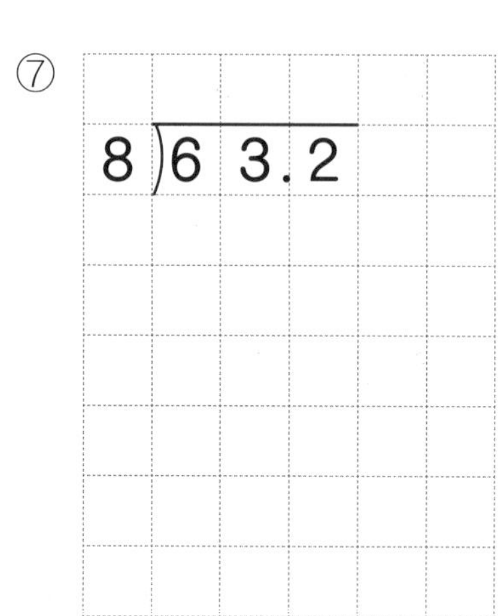

⑧
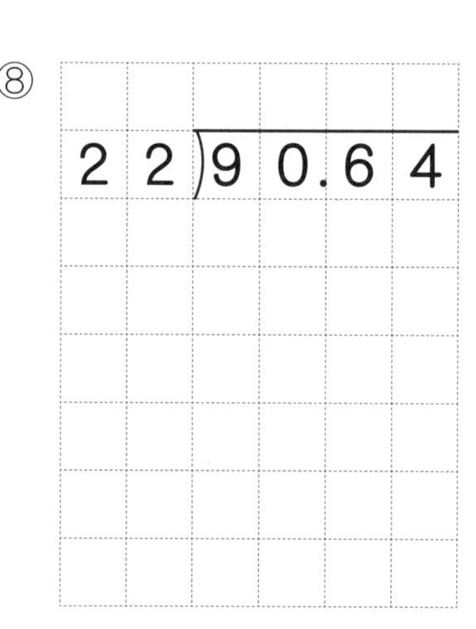

⑨
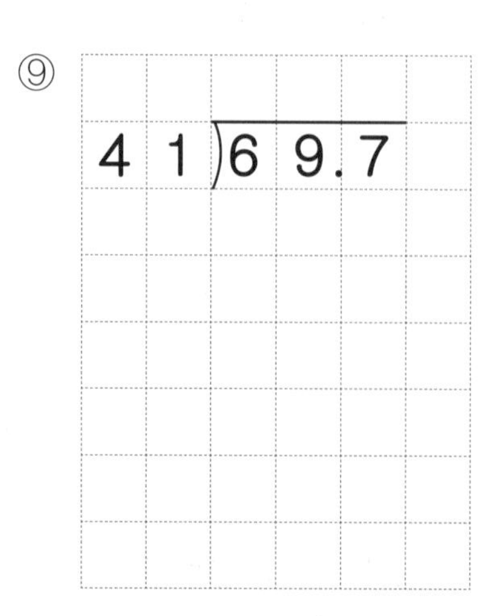

8 나누어떨어지는 (소수)÷(자연수)

공부한 날 /
걸린 시간 분
맞힌 개수 /16

정답: p.9

나눗셈을 하세요.

① $73.6 \div 8 =$

② $16.5 \div 15 =$

③ $67.9 \div 7 =$

④ $60.8 \div 8 =$

⑤ $46.5 \div 5 =$

⑥ $52.8 \div 8 =$

⑦ $55.1 \div 19 =$

⑧ $85.8 \div 26 =$

⑨ $76.8 \div 16 =$

⑩ $91.8 \div 34 =$

⑪ $65.68 \div 8 =$

⑫ $39.36 \div 4 =$

⑬ $94.82 \div 22 =$

⑭ $81.75 \div 25 =$

⑮ $22.63 \div 31 =$

⑯ $4.76 \div 7 =$

나누어떨어지지 않는 (소수)÷(자연수)

나누어떨어지지 않는 나눗셈

소수의 나눗셈에서 나누어떨어지지 않을 경우 나누어지는 수의 끝자리 아래에 0이 계속 있는 것으로 생각하고 계산해요.

나누어떨어지지 않는 나눗셈

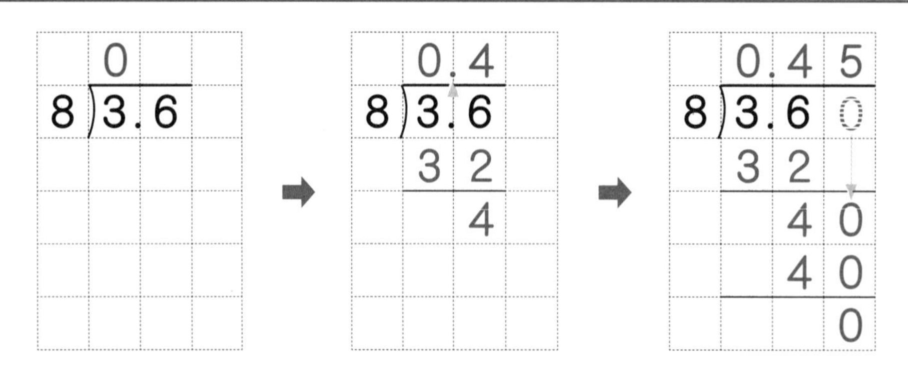

나누어떨어지지 않는 나눗셈

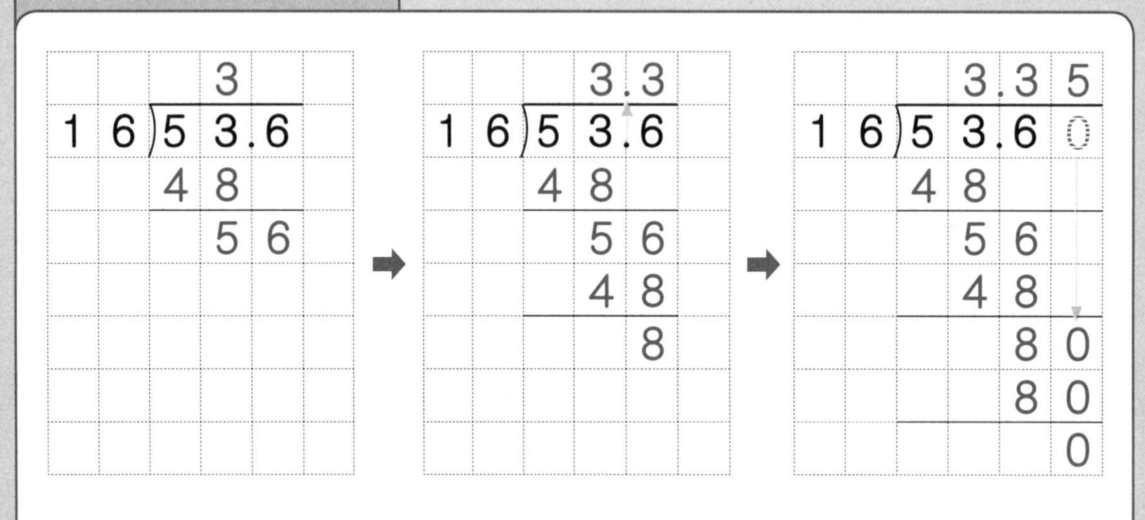

하나. 소수와 자연수의 나눗셈을 공부합니다.

둘. 분수의 곱셈으로 고쳐서 계산하는 방법도 있음을 알게 합니다.

(예) $3.6 \div 8 = \frac{360}{100} \div 8 = \frac{360 \div 8}{100} = \frac{45}{100} = 0.45$

셋. (소수)÷(자연수)에서 몫의 소수점은 나뉠 수의 소수점의 자리에 맞추어 찍습니다.

나누어떨어지지 않는 (소수)÷(자연수)

정답: p.10

나눗셈을 하세요.

① 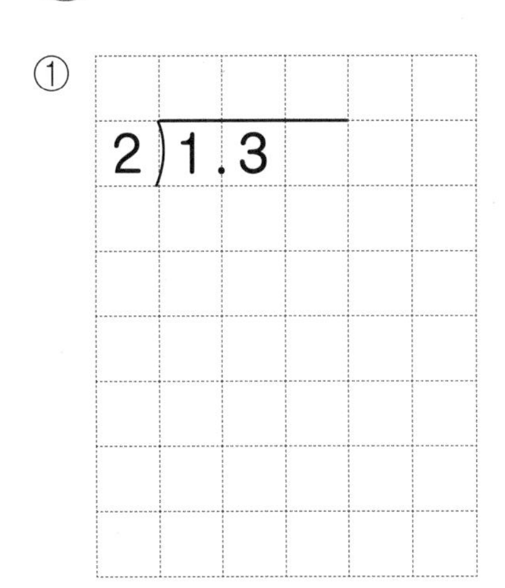

② 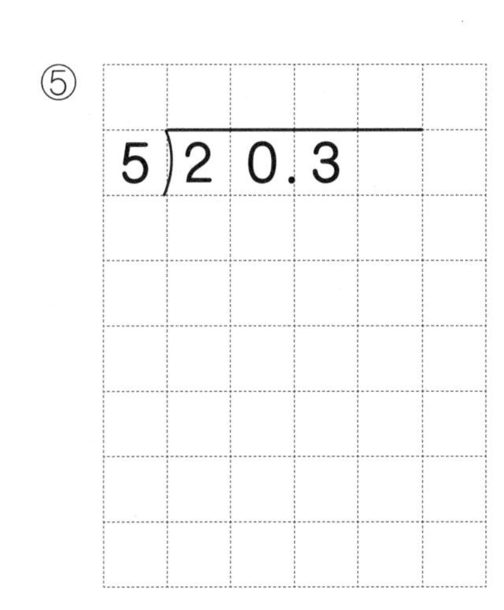

③ 6)2.1

④ 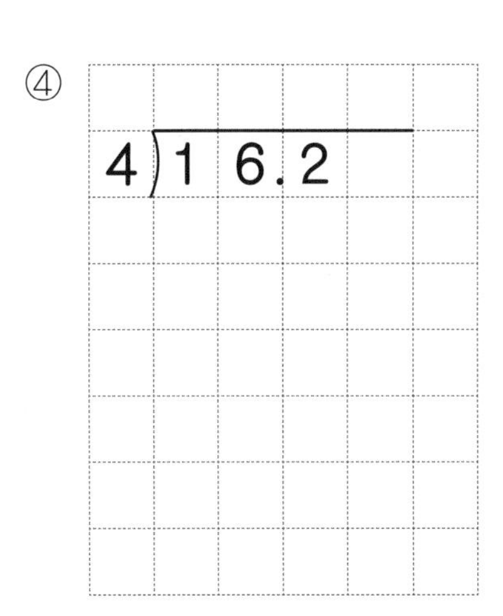

⑤ 5)20.3

⑥ 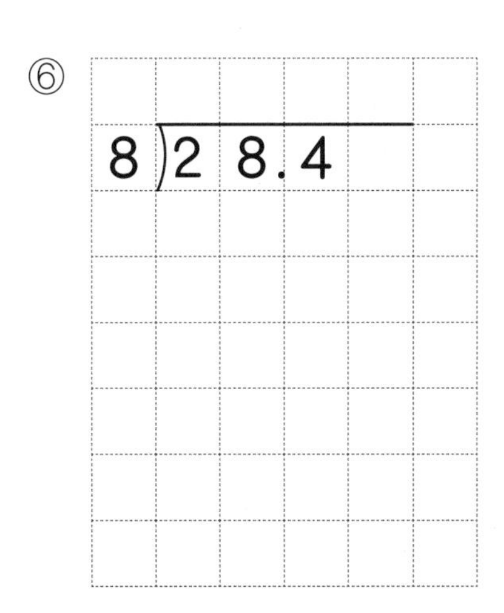

⑦ 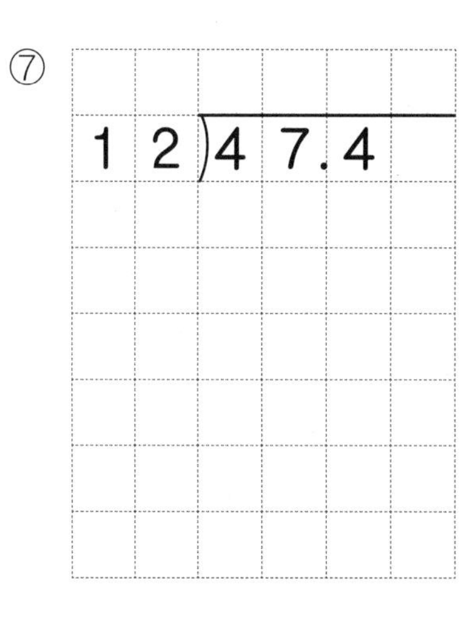

⑧ 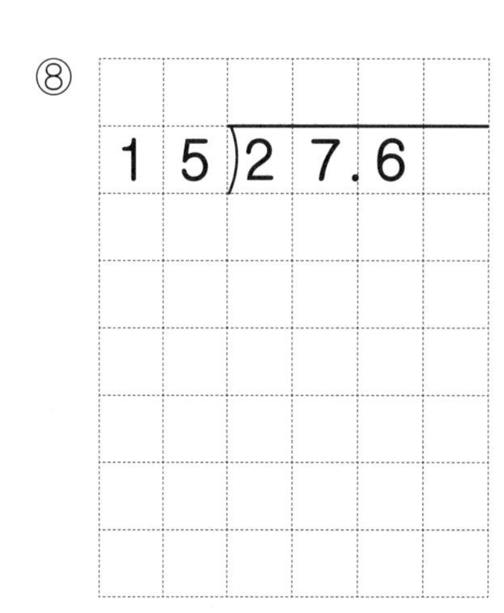

⑨ 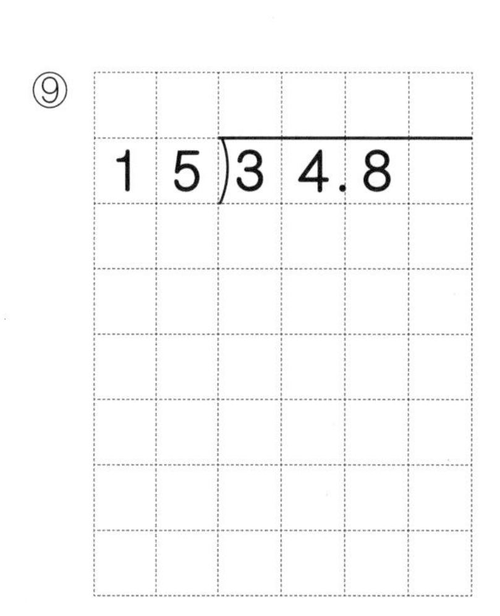

나누어떨어지지 않는 (소수)÷(자연수)

공부한 날 /
걸린 시간 분
맞힌 개수 /16

정답: p.10

나눗셈을 하세요.

① $6.7 \div 10 =$

② $13.2 \div 10 =$

③ $22.5 \div 6 =$

④ $9.4 \div 4 =$

⑤ $34.1 \div 5 =$

⑥ $29.4 \div 4 =$

⑦ $46.9 \div 14 =$

⑧ $65.8 \div 28 =$

⑨ $40.8 \div 15 =$

⑩ $12.36 \div 24 =$

⑪ $8.68 \div 8 =$

⑫ $19.46 \div 4 =$

⑬ $44.38 \div 28 =$

⑭ $57.53 \div 22 =$

⑮ $10.8 \div 8 =$

⑯ $13.77 \div 18 =$

나누어떨어지지 않는 (소수)÷(자연수)

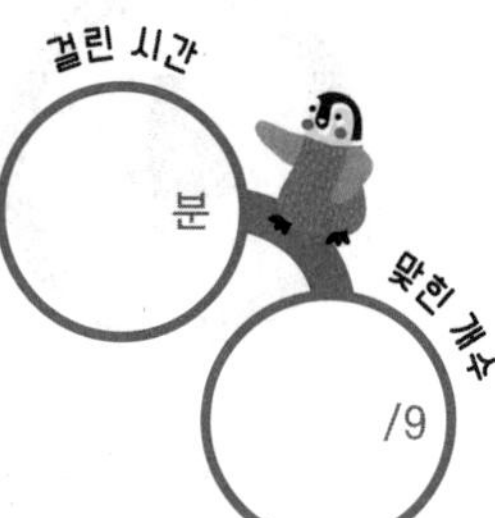

정답: p.10

나눗셈을 하세요.

① 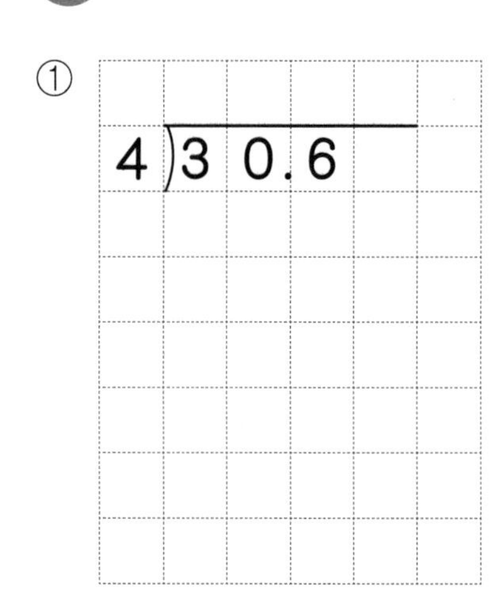

④ 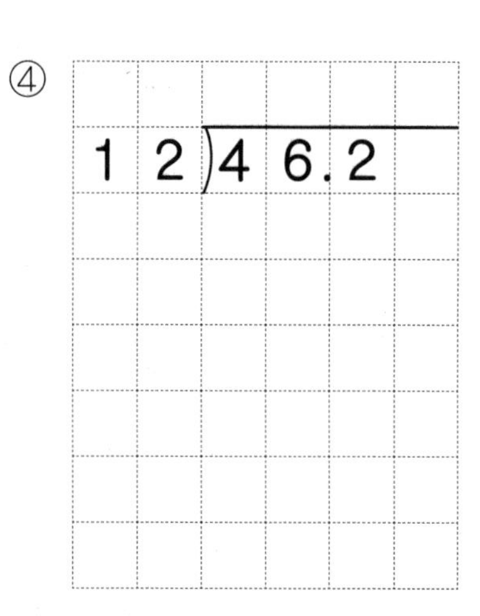

⑦ 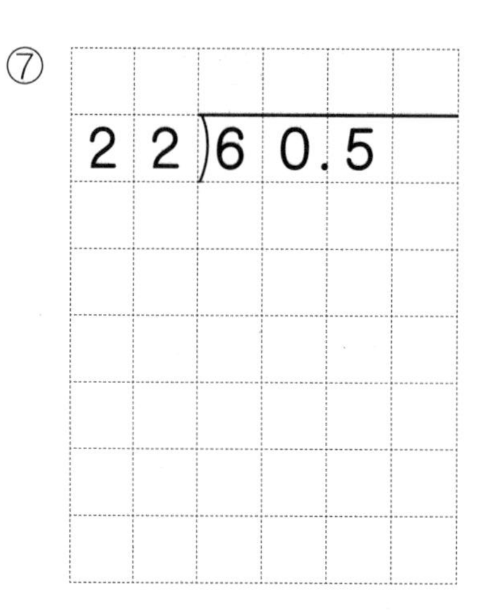

② 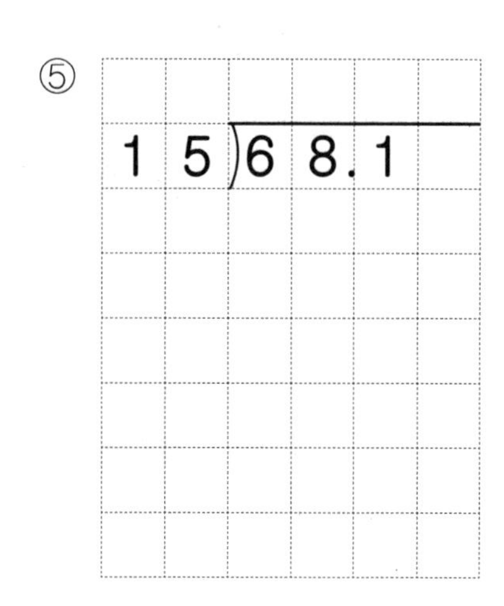

⑤ 

⑧

③

⑥ 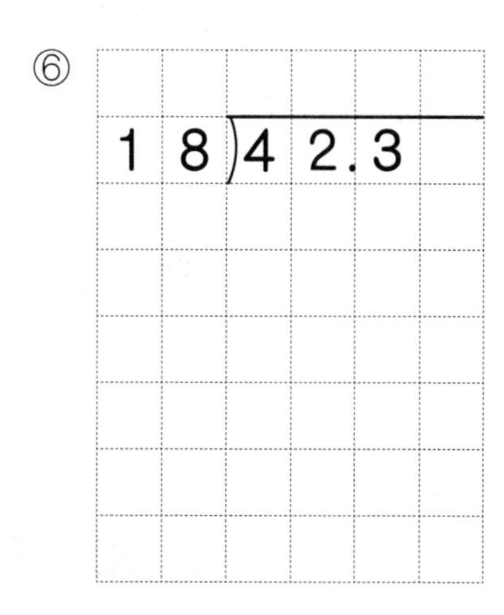

⑨ 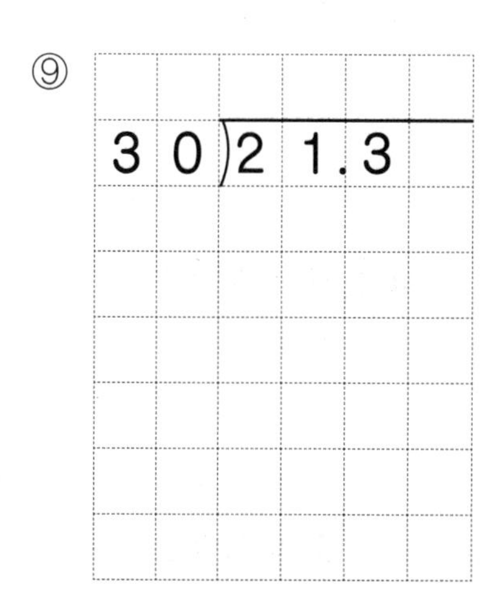

나누어떨어지지 않는 (소수)÷(자연수)

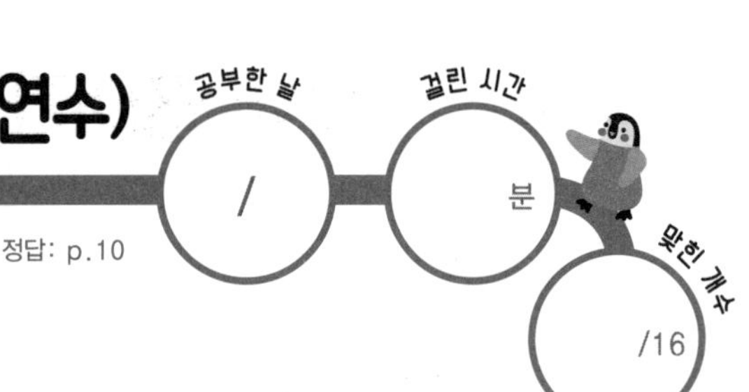

정답: p.10

나눗셈을 하세요.

① $5.1 \div 10 =$

② $39.4 \div 10 =$

③ $28.2 \div 4 =$

④ $37.2 \div 8 =$

⑤ $18.6 \div 5 =$

⑥ $32.7 \div 6 =$

⑦ $43.4 \div 28 =$

⑧ $75.2 \div 32 =$

⑨ $45.5 \div 14 =$

⑩ $62.1 \div 18 =$

⑪ $29.67 \div 6 =$

⑫ $48.6 \div 12 =$

⑬ $26.67 \div 14 =$

⑭ $71.5 \div 12 =$

⑮ $11.5 \div 25 =$

⑯ $5.08 \div 8 =$

나누어떨어지지 않는 (소수)÷(자연수)

정답: p.10

나눗셈을 하세요.

①

$5\overline{)48.7}$

②

$14\overline{)60.9}$

③

$28\overline{)57.4}$

④

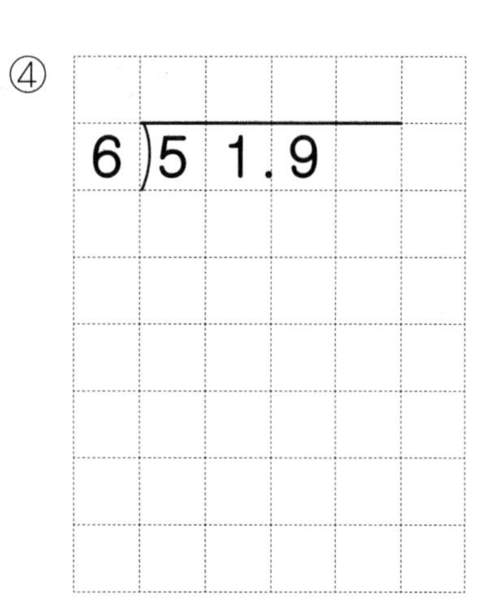

⑤

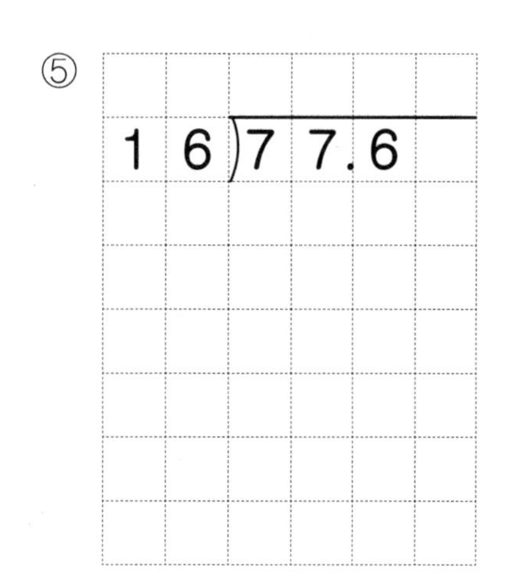

⑥

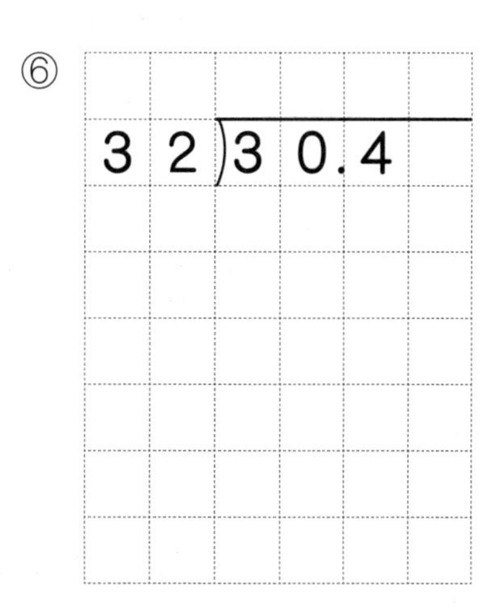

⑦

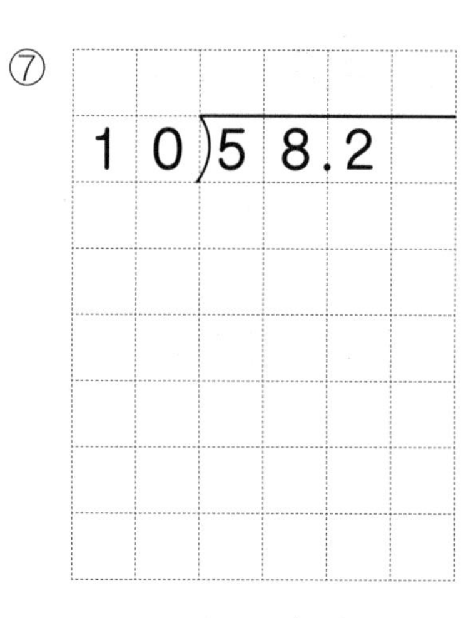

⑧

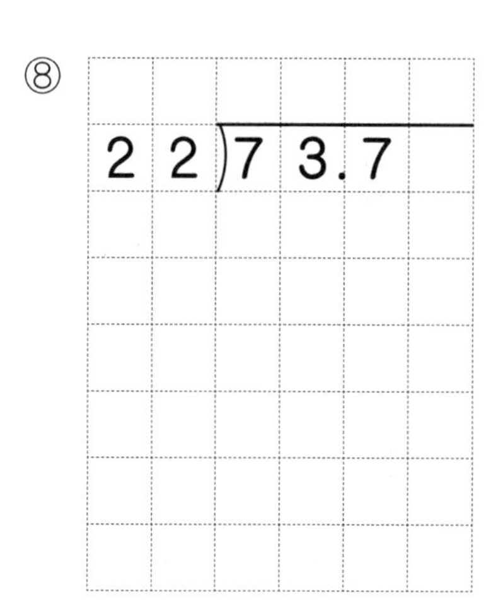

⑨

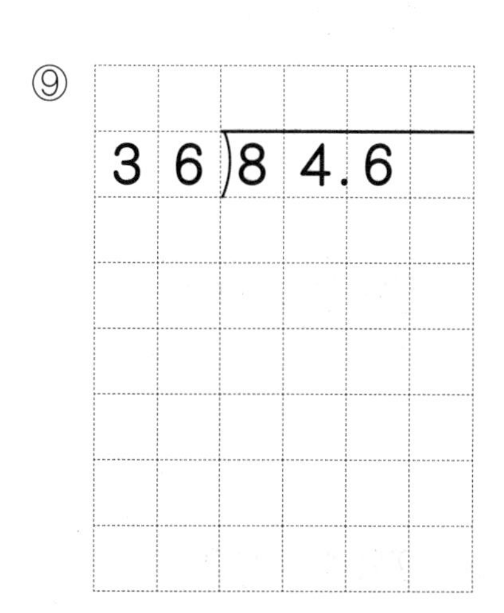

나누어떨어지지 않는 (소수)÷(자연수)

걸린 시간

분

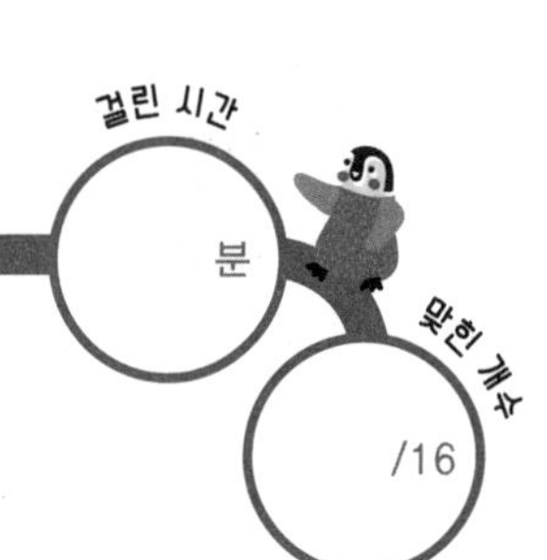

정답: p.10

나눗셈을 하세요.

① $24.3 \div 10 =$

② $8.6 \div 10 =$

③ $32.4 \div 8 =$

④ $26.1 \div 6 =$

⑤ $19.4 \div 4 =$

⑥ $10.8 \div 8 =$

⑦ $69.3 \div 14 =$

⑧ $78.1 \div 22 =$

⑨ $63.5 \div 25 =$

⑩ $48.8 \div 16 =$

⑪ $62.52 \div 8 =$

⑫ $57.3 \div 6 =$

⑬ $41.85 \div 18 =$

⑭ $87.84 \div 32 =$

⑮ $20.4 \div 8 =$

⑯ $15.15 \div 25 =$

나누어떨어지지 않는 (소수)÷(자연수)

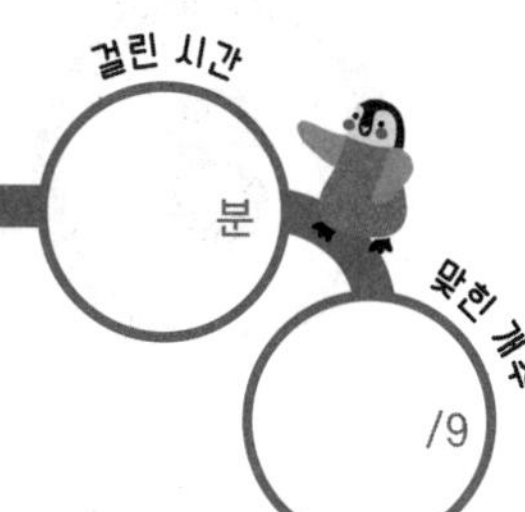

정답: p.10

나눗셈을 하세요.

① $4\overline{)37.0}$

② $10\overline{)74.1}$

③ $25\overline{)78.5}$

④
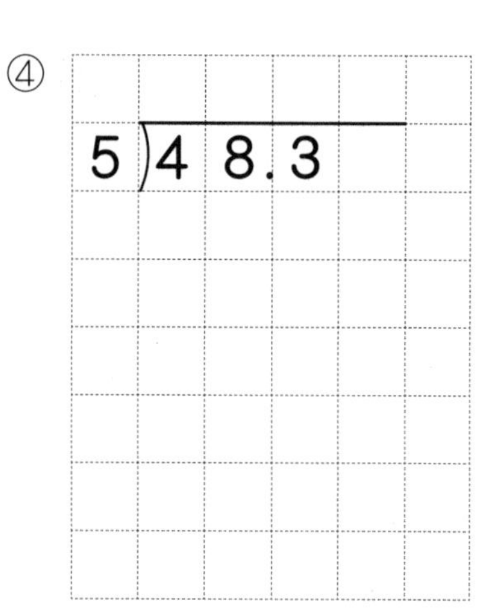

⑤
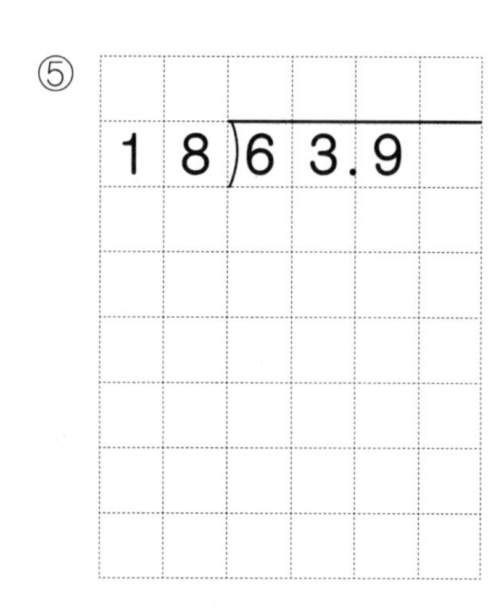

⑥
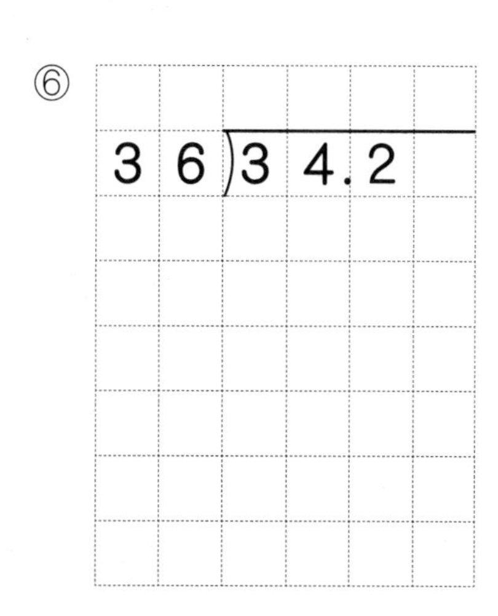

⑦
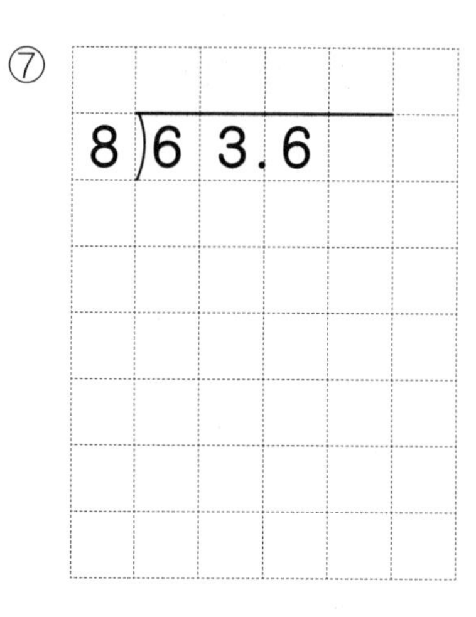

⑧
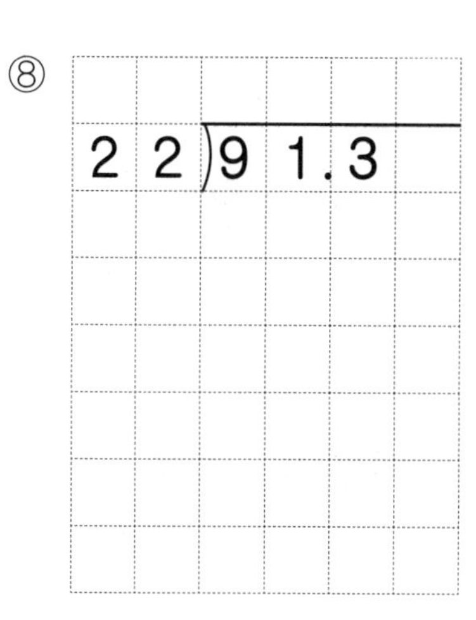

⑨
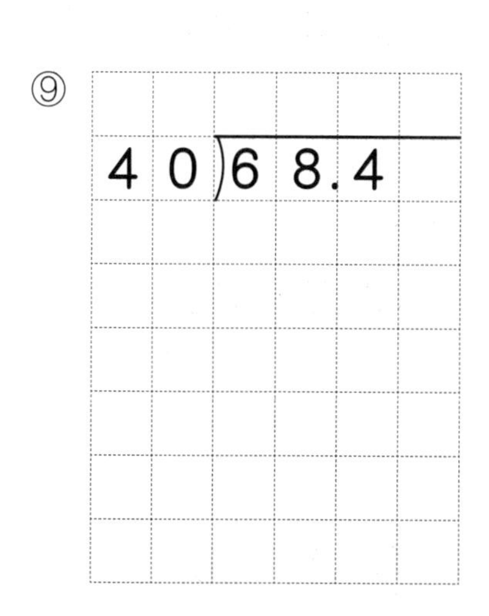

8 나누어떨어지지 않는 (소수)÷(자연수)

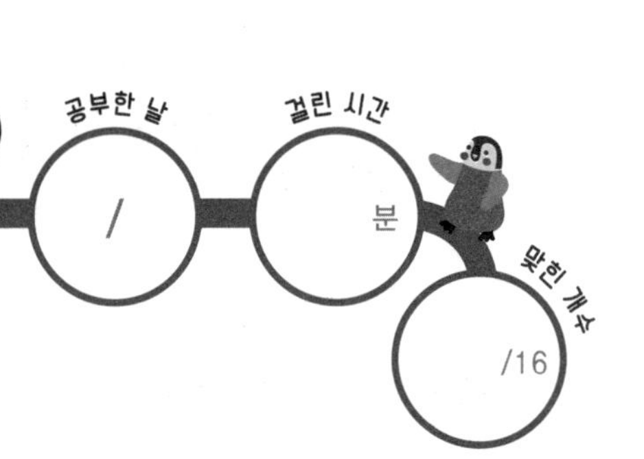

나눗셈을 하세요.

① $73.1 \div 10 =$

② $1.5 \div 10 =$

③ $67.6 \div 8 =$

④ $61.2 \div 8 =$

⑤ $46.4 \div 5 =$

⑥ $52.4 \div 8 =$

⑦ $55.2 \div 20 =$

⑧ $87.1 \div 26 =$

⑨ $77.6 \div 16 =$

⑩ $93.5 \div 34 =$

⑪ $65.64 \div 8 =$

⑫ $39.38 \div 4 =$

⑬ $94.93 \div 22 =$

⑭ $81.5 \div 25 =$

⑮ $22.65 \div 30 =$

⑯ $4.77 \div 6 =$

무료 동영상강의로
개념을 쉽게 배워보세요!

비와 비율

비

두 수 ●와 ▲를 나눗셈으로 비교할 때, 기호 ':'을 사용하여 ● : ▲라 쓰고
● 대 ▲라고 읽어요.

● : ▲는 ●가 ▲를 기준으로 몇 배인지 나타내는 비예요.

비 ● : ▲에서 기호 :의 왼쪽에 있는 ●는 비교하는 양이고, 오른쪽에 있는 ▲는 기준량이에요.

기준량과 비교하는 양 찾기

- 3 대 4
- 3의 4에 대한 비
- 4에 대한 3의 비
- 3과 4의 비

→ 3 : 4 ➡ 기준량 4, 비교하는 양 3

비율

비교하는 양을 기준량으로 나눈 값 또는 비의 값을 비율이라고 해요.

비율을 분수, 소수, 백분율로 나타내기

3 : 4 (3: 비교하는 양, 4: 기준량) ➡ 분수 $\frac{3}{4}$

소수 $3 \div 4 = 0.75$

백분율 $\frac{3}{4} = \frac{75}{100}$ ⇨ $\frac{75}{100} \times 100 = 75(\%)$

하나. 비와 비율을 공부합니다.

둘. ●:▲와 ▲:●는 서로 다른 비임을 알게 합니다.

셋. 비율을 분수로 나타낼 때 약분하여 나타내어도 비율은 변하지 않음을 알게 합니다.

(예) 3 : 6 ➡ $\frac{3}{6} = \frac{1}{2}$

1 비와 비율

공부한 날 /
걸린 시간 분
맞힌 개수 /10

정답: p.11

비를 보고 기준량과 비교하는 양을 각각 찾아 쓰세요.

① 2 : 3 ➡ 기준량 ________, 비교하는 양 ________

② 15 : 8 ➡ 기준량 ________, 비교하는 양 ________

③ 6 대 7 ➡ 기준량 ________, 비교하는 양 ________

④ 25 대 9 ➡ 기준량 ________, 비교하는 양 ________

⑤ 8의 11에 대한 비 ➡ 기준량 ________, 비교하는 양 ________

⑥ 17의 20에 대한 비 ➡ 기준량 ________, 비교하는 양 ________

⑦ 13에 대한 9의 비 ➡ 기준량 ________, 비교하는 양 ________

⑧ 25에 대한 6의 비 ➡ 기준량 ________, 비교하는 양 ________

⑨ 5와 6의 비 ➡ 기준량 ________, 비교하는 양 ________

⑩ 24와 25의 비 ➡ 기준량 ________, 비교하는 양 ________

2 비와 비율

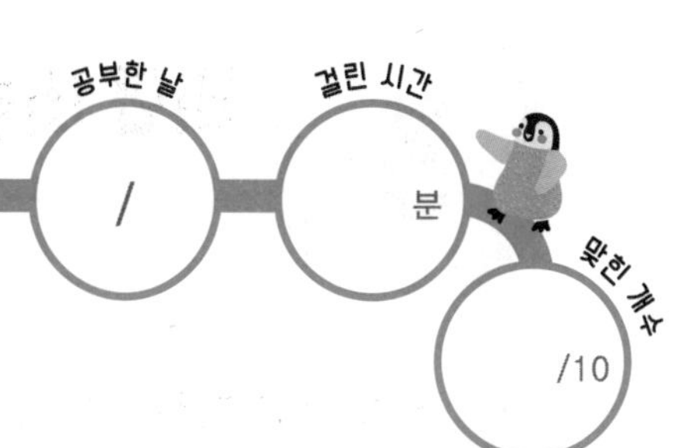

정답: p.11

비의 비율을 분수, 소수, 백분율로 각각 나타내세요.

① 2 : 4 ➡ 분수 ________, 소수 ________, 백분율 ________

② 5 : 8 ➡ 분수 ________, 소수 ________, 백분율 ________

③ 3 대 20 ➡ 분수 ________, 소수 ________, 백분율 ________

④ 21 대 40 ➡ 분수 ________, 소수 ________, 백분율 ________

⑤ 1의 5에 대한 비 ➡ 분수 ________, 소수 ________, 백분율 ________

⑥ 12의 30에 대한 비 ➡ 분수 ________, 소수 ________, 백분율 ________

⑦ 25에 대한 16의 비 ➡ 분수 ________, 소수 ________, 백분율 ________

⑧ 50에 대한 39의 비 ➡ 분수 ________, 소수 ________, 백분율 ________

⑨ 9와 16의 비 ➡ 분수 ________, 소수 ________, 백분율 ________

⑩ 13과 52의 비 ➡ 분수 ________, 소수 ________, 백분율 ________

비와 비율

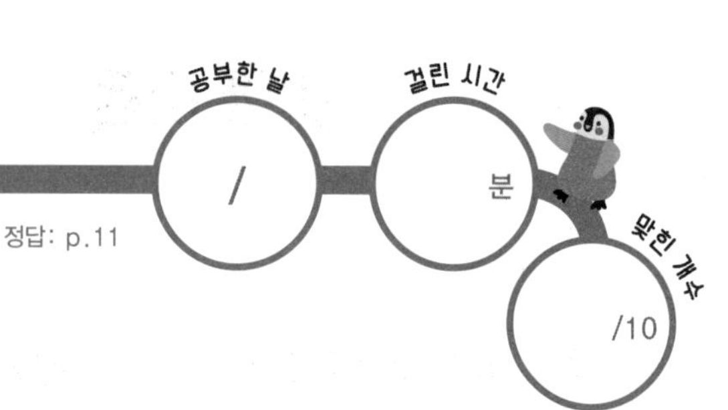

정답: p.11

비를 보고 기준량과 비교하는 양을 각각 찾아 쓰세요.

① 2 : 5 ➡ 기준량 ＿＿＿＿＿, 비교하는 양 ＿＿＿＿＿

② 7 : 8 ➡ 기준량 ＿＿＿＿＿, 비교하는 양 ＿＿＿＿＿

③ 9 대 4 ➡ 기준량 ＿＿＿＿＿, 비교하는 양 ＿＿＿＿＿

④ 13 대 9 ➡ 기준량 ＿＿＿＿＿, 비교하는 양 ＿＿＿＿＿

⑤ 10의 27에 대한 비 ➡ 기준량 ＿＿＿＿＿, 비교하는 양 ＿＿＿＿＿

⑥ 21의 16에 대한 비 ➡ 기준량 ＿＿＿＿＿, 비교하는 양 ＿＿＿＿＿

⑦ 11에 대한 45의 비 ➡ 기준량 ＿＿＿＿＿, 비교하는 양 ＿＿＿＿＿

⑧ 18에 대한 23의 비 ➡ 기준량 ＿＿＿＿＿, 비교하는 양 ＿＿＿＿＿

⑨ 8과 9의 비 ➡ 기준량 ＿＿＿＿＿, 비교하는 양 ＿＿＿＿＿

⑩ 17과 43의 비 ➡ 기준량 ＿＿＿＿＿, 비교하는 양 ＿＿＿＿＿

비와 비율

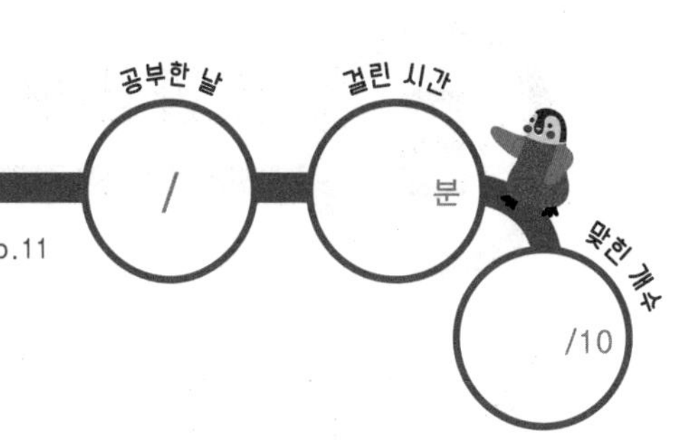

정답: p.11

비의 비율을 분수, 소수, 백분율로 각각 나타내세요.

① 8 : 25 ➡ 분수 ________, 소수 ________, 백분율 ________

② 13 : 10 ➡ 분수 ________, 소수 ________, 백분율 ________

③ 5 대 16 ➡ 분수 ________, 소수 ________, 백분율 ________

④ 7 대 8 ➡ 분수 ________, 소수 ________, 백분율 ________

⑤ 11의 20에 대한 비 ➡ 분수 ________, 소수 ________, 백분율 ________

⑥ 17의 50에 대한 비 ➡ 분수 ________, 소수 ________, 백분율 ________

⑦ 25에 대한 32의 비 ➡ 분수 ________, 소수 ________, 백분율 ________

⑧ 35에 대한 49의 비 ➡ 분수 ________, 소수 ________, 백분율 ________

⑨ 3과 40의 비 ➡ 분수 ________, 소수 ________, 백분율 ________

⑩ 12와 15의 비 ➡ 분수 ________, 소수 ________, 백분율 ________

5 비와 비율

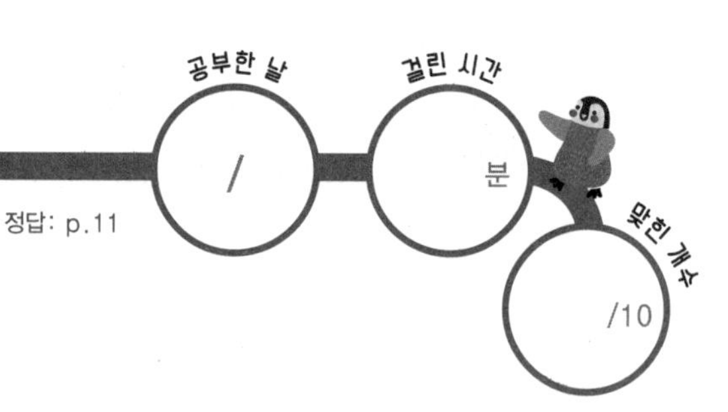

정답: p.11

비를 보고 기준량과 비교하는 양을 각각 찾아 쓰세요.

① 9 : 7 ➡ 기준량 ________, 비교하는 양 ________

② 11 : 20 ➡ 기준량 ________, 비교하는 양 ________

③ 3 대 10 ➡ 기준량 ________, 비교하는 양 ________

④ 14 대 27 ➡ 기준량 ________, 비교하는 양 ________

⑤ 27의 32에 대한 비 ➡ 기준량 ________, 비교하는 양 ________

⑥ 31의 16에 대한 비 ➡ 기준량 ________, 비교하는 양 ________

⑦ 11에 대한 64의 비 ➡ 기준량 ________, 비교하는 양 ________

⑧ 45에 대한 22의 비 ➡ 기준량 ________, 비교하는 양 ________

⑨ 8과 15의 비 ➡ 기준량 ________, 비교하는 양 ________

⑩ 47과 56의 비 ➡ 기준량 ________, 비교하는 양 ________

정답: p.11

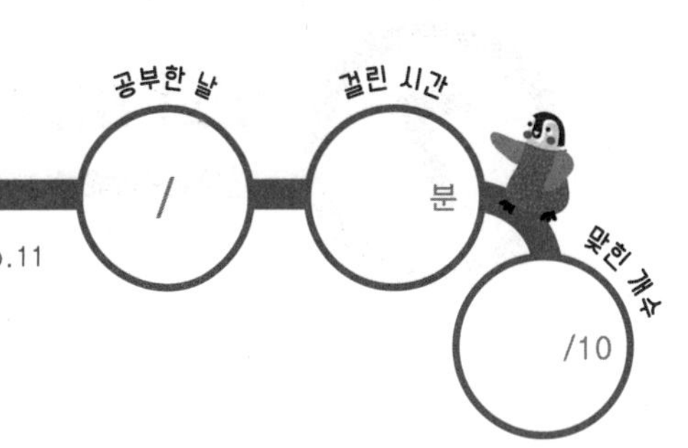

비의 비율을 분수, 소수, 백분율로 각각 나타내세요.

① 2 : 10 ➡ 분수 ________, 소수 ________, 백분율 ________

② 15 : 16 ➡ 분수 ________, 소수 ________, 백분율 ________

③ 1 대 8 ➡ 분수 ________, 소수 ________, 백분율 ________

④ 9 대 20 ➡ 분수 ________, 소수 ________, 백분율 ________

⑤ 8의 50에 대한 비 ➡ 분수 ________, 소수 ________, 백분율 ________

⑥ 27의 30에 대한 비 ➡ 분수 ________, 소수 ________, 백분율 ________

⑦ 5에 대한 3의 비 ➡ 분수 ________, 소수 ________, 백분율 ________

⑧ 20에 대한 19의 비 ➡ 분수 ________, 소수 ________, 백분율 ________

⑨ 6과 25의 비 ➡ 분수 ________, 소수 ________, 백분율 ________

⑩ 35와 40의 비 ➡ 분수 ________, 소수 ________, 백분율 ________

7 비와 비율

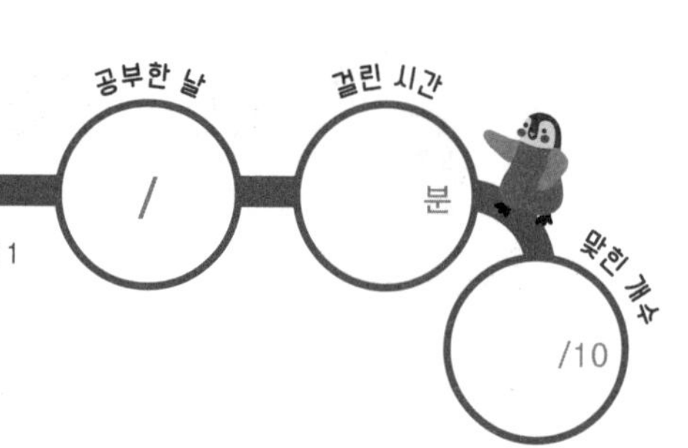

정답: p.11

비를 보고 기준량과 비교하는 양을 각각 찾아 쓰세요.

① 4 : 9 ➡ 기준량 ________, 비교하는 양 ________

② 15 : 16 ➡ 기준량 ________, 비교하는 양 ________

③ 36 대 29 ➡ 기준량 ________, 비교하는 양 ________

④ 49 대 15 ➡ 기준량 ________, 비교하는 양 ________

⑤ 12의 11에 대한 비 ➡ 기준량 ________, 비교하는 양 ________

⑥ 31의 50에 대한 비 ➡ 기준량 ________, 비교하는 양 ________

⑦ 17에 대한 2의 비 ➡ 기준량 ________, 비교하는 양 ________

⑧ 25에 대한 72의 비 ➡ 기준량 ________, 비교하는 양 ________

⑨ 7과 36의 비 ➡ 기준량 ________, 비교하는 양 ________

⑩ 53과 9의 비 ➡ 기준량 ________, 비교하는 양 ________

8 비와 비율

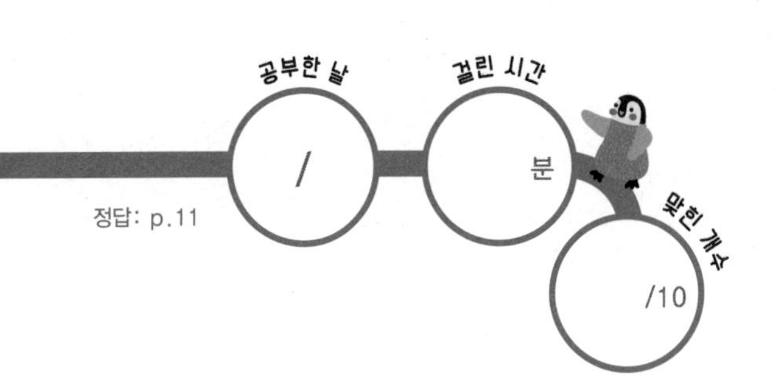

정답: p.11

비의 비율을 분수, 소수, 백분율로 각각 나타내세요.

① 6 : 5 ➡ 분수 ________, 소수 ________, 백분율 ________

② 9 : 10 ➡ 분수 ________, 소수 ________, 백분율 ________

③ 15 대 60 ➡ 분수 ________, 소수 ________, 백분율 ________

④ 20 대 16 ➡ 분수 ________, 소수 ________, 백분율 ________

⑤ 18의 25에 대한 비 ➡ 분수 ________, 소수 ________, 백분율 ________

⑥ 64의 80에 대한 비 ➡ 분수 ________, 소수 ________, 백분율 ________

⑦ 4에 대한 7의 비 ➡ 분수 ________, 소수 ________, 백분율 ________

⑧ 125에 대한 75의 비 ➡ 분수 ________, 소수 ________, 백분율 ________

⑨ 17과 20의 비 ➡ 분수 ________, 소수 ________, 백분율 ________

⑩ 41과 50의 비 ➡ 분수 ________, 소수 ________, 백분율 ________

실력 체크

최종 점검

분모가 같은 (대분수)÷(대분수)

공부한 날	월	일
걸린 시간	분	초
맞힌 개수		/16

정답: p.12

분수의 나눗셈을 하세요.

① $1\frac{1}{3} \div 1\frac{2}{3} =$

② $5\frac{2}{7} \div 2\frac{5}{7} =$

③ $4\frac{3}{22} \div 4\frac{9}{22} =$

④ $5\frac{9}{12} \div 3\frac{12}{12} =$

⑤ $3\frac{5}{7} \div 2\frac{5}{7} =$

⑥ $7\frac{8}{21} \div 5\frac{16}{21} =$

⑦ $2\frac{17}{30} \div 2\frac{10}{30} =$

⑧ $6\frac{11}{15} \div 4\frac{9}{15} =$

⑨ $1\frac{7}{11} \div 3\frac{10}{11} =$

⑩ $2\frac{9}{16} \div 4\frac{13}{16} =$

⑪ $3\frac{5}{8} \div 2\frac{7}{8} =$

⑫ $3\frac{2}{5} \div 1\frac{4}{5} =$

⑬ $7\frac{3}{4} \div 8\frac{1}{4} =$

⑭ $5\frac{15}{17} \div 2\frac{10}{17} =$

⑮ $6\frac{11}{19} \div 6\frac{7}{19} =$

⑯ $5\frac{5}{23} \div 4\frac{13}{23} =$

5-B 분모가 같은 (대분수)÷(대분수)

공부한 날	월	일
걸린 시간	분	초
맞힌 개수		/12

정답: p.12

분수의 나눗셈을 하세요.

① $5\frac{5}{11} \div 4\frac{10}{11} =$

② $5\frac{3}{17} \div 2\frac{6}{17} =$

③ $2\frac{11}{15} \div 1\frac{11}{15} =$

④ $7\frac{4}{5} \div 2\frac{2}{5} =$

⑤ $6\frac{3}{13} \div 2\frac{6}{13} =$

⑥ $2\frac{7}{35} \div 2\frac{21}{35} =$

⑦ $5\frac{2}{6} \div 1\frac{1}{6} =$

⑧ $2\frac{11}{22} \div 1\frac{13}{22} =$

⑨ $1\frac{18}{42} \div 1\frac{6}{42} =$

⑩ $3\frac{5}{11} \div 1\frac{2}{11} =$

⑪ $3\frac{16}{17} \div 1\frac{1}{17} =$

⑫ $3\frac{4}{5} \div 2\frac{1}{5} =$

나누어떨어지는 (소수)÷(자연수)

공부한 날	월	일
걸린 시간	분	초
맞힌 개수		/9

정답: p.12

나눗셈을 하세요.

① 4)37.2

②

③ 8)60.24

④

⑤

⑥

⑦ 27)17.01

⑧

⑨
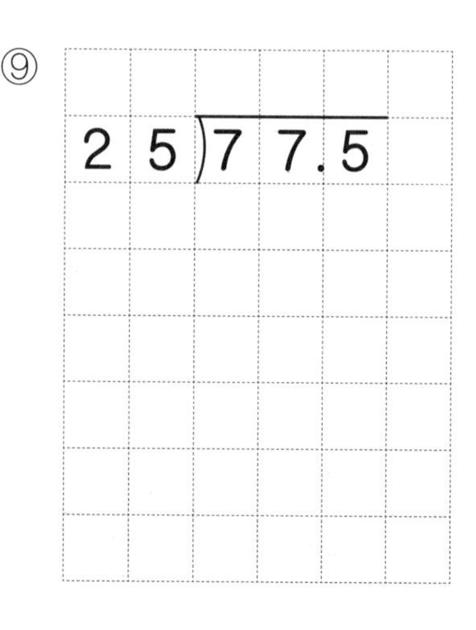

나누어떨어지는 (소수)÷(자연수)

공부한 날	월	일
걸린 시간	분	초
맞힌 개수		/12

정답: p.12

나눗셈을 하세요.

① $4.8 \div 3 =$

⑦ $39.1 \div 17 =$

② $32.8 \div 8 =$

⑧ $67.6 \div 26 =$

③ $24.2 \div 11 =$

⑨ $25.36 \div 8 =$

④ $41.4 \div 9 =$

⑩ $23.04 \div 12 =$

⑤ $30.5 \div 5 =$

⑪ $64.79 \div 31 =$

⑥ $46.2 \div 14 =$

⑫ $82.5 \div 15 =$

나누어떨어지지 않는 (소수)÷(자연수)

공부한 날	월	일
걸린 시간	분	초
맞힌 개수		/9

정답: p.13

나눗셈을 하세요.

① 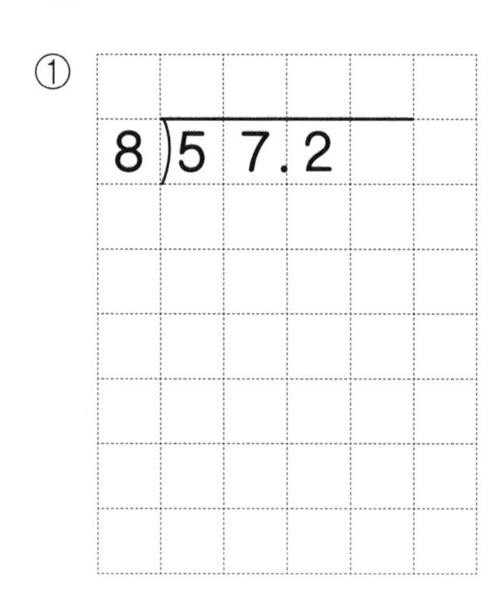

④ 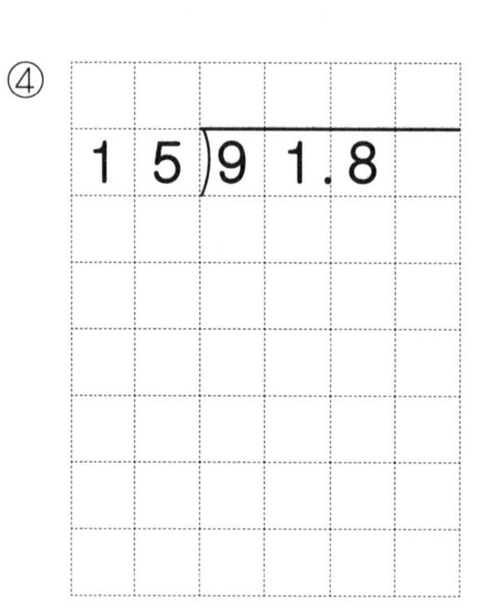

⑦ 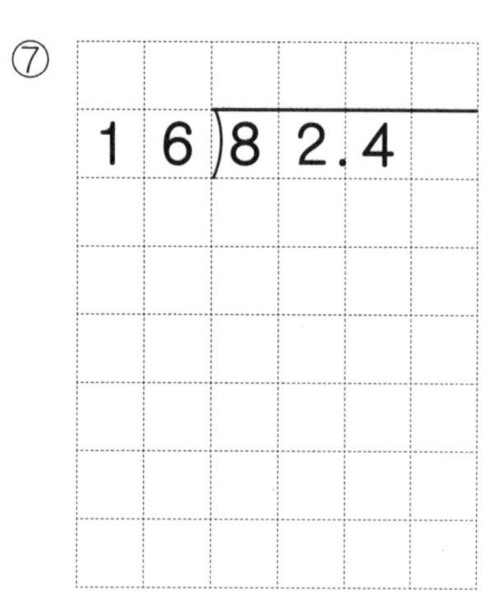

② 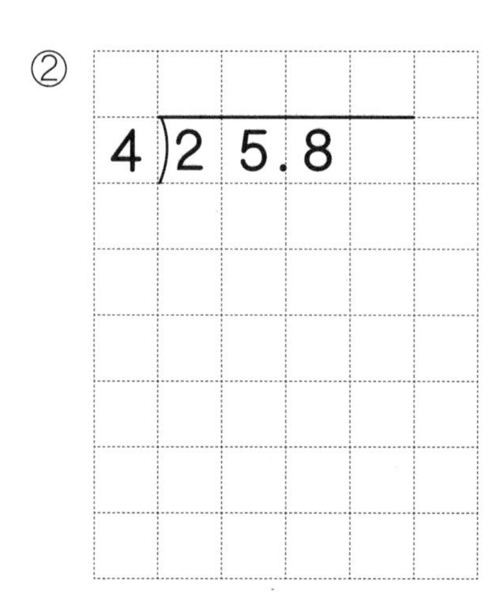

⑤ 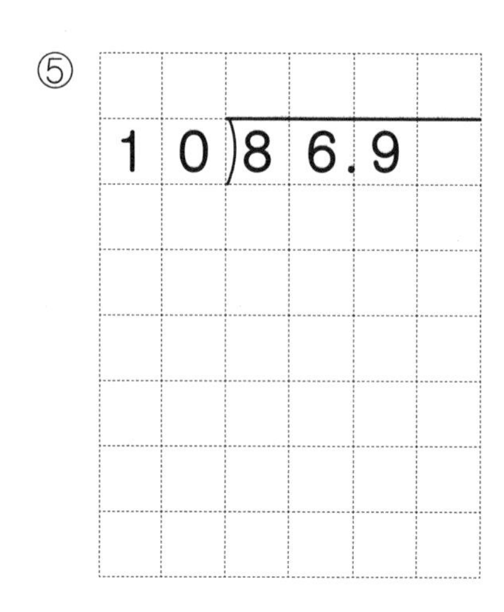

⑧ 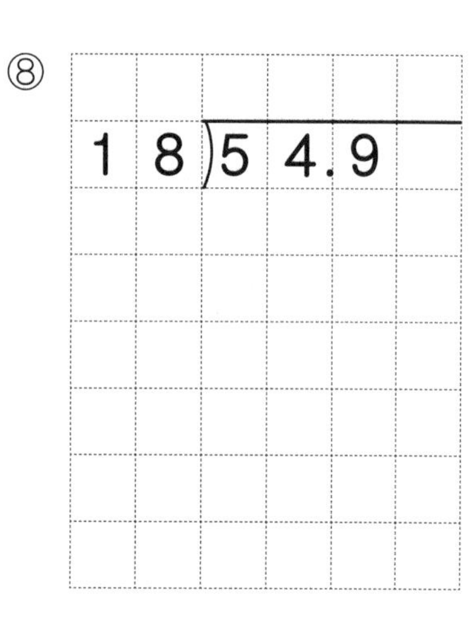

③ 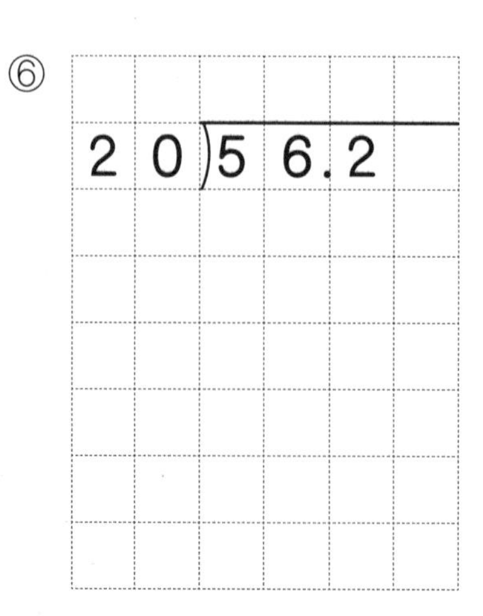

⑥ 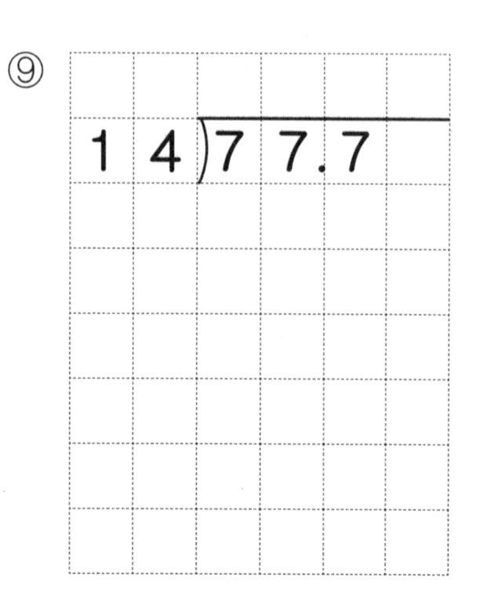

⑨

7-B 나누어떨어지지 않는 (소수)÷(자연수)

공부한 날	월	일
걸린 시간	분	초
맞힌 개수		/12

정답: p.13

나눗셈을 하세요.

① $4.9 \div 10 =$

② $32.8 \div 10 =$

③ $22.2 \div 4 =$

④ $51.9 \div 5 =$

⑤ $92.7 \div 6 =$

⑥ $52.5 \div 14 =$

⑦ $67.8 \div 12 =$

⑧ $37.8 \div 15 =$

⑨ $36.52 \div 8 =$

⑩ $57.68 \div 16 =$

⑪ $24.93 \div 30 =$

⑫ $9.1 \div 14 =$

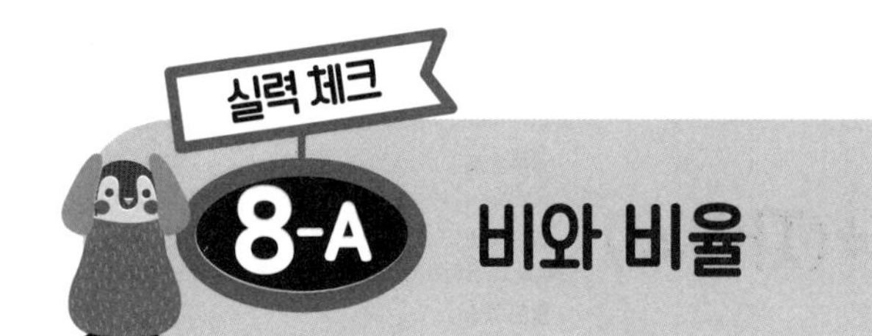

비와 비율

공부한 날 월 일
걸린 시간 분 초
맞힌 개수 /10

정답: p.13

비를 보고 기준량과 비교하는 양을 각각 찾아 쓰세요.

① 11 : 32 ➡ 기준량 ________, 비교하는 양 ________

② 18의 5에 대한 비 ➡ 기준량 ________, 비교하는 양 ________

③ 34와 43의 비 ➡ 기준량 ________, 비교하는 양 ________

④ 5 대 14 ➡ 기준량 ________, 비교하는 양 ________

⑤ 7과 16의 비 ➡ 기준량 ________, 비교하는 양 ________

⑥ 3에 대한 8의 비 ➡ 기준량 ________, 비교하는 양 ________

⑦ 10에 대한 13의 비 ➡ 기준량 ________, 비교하는 양 ________

⑧ 12 대 25 ➡ 기준량 ________, 비교하는 양 ________

⑨ 19의 51에 대한 비 ➡ 기준량 ________, 비교하는 양 ________

⑩ 3 : 8 ➡ 기준량 ________, 비교하는 양 ________

비와 비율

공부한 날	월	일
걸린 시간	분	초
맞힌 개수		/8

정답: p.13

비의 비율을 분수, 소수, 백분율로 각각 나타내세요.

① 11 : 8 ➡ 분수 ________, 소수 ________, 백분율 ________

② 25에 대한 4의 비 ➡ 분수 ________, 소수 ________, 백분율 ________

③ 10에 대한 7의 비 ➡ 분수 ________, 소수 ________, 백분율 ________

④ 16과 20의 비 ➡ 분수 ________, 소수 ________, 백분율 ________

⑤ 52의 104에 대한 비 ➡ 분수 ________, 소수 ________, 백분율 ________

⑥ 17 : 40 ➡ 분수 ________, 소수 ________, 백분율 ________

⑦ 19 대 95 ➡ 분수 ________, 소수 ________, 백분율 ________

⑧ 23의 50에 대한 비 ➡ 분수 ________, 소수 ________, 백분율 ________

Memo

Memo

Memo

계산력+두뇌회전 UP!

한 권으로 계산 끝

넥서스에듀

(자연수)÷(자연수), (진분수)÷(자연수)

1

p.15

① $\frac{3}{5}$ ⑤ $\frac{1}{3}$ ⑨ $\frac{4}{5}$ ⑬ $\frac{5}{16}$

② $1\frac{1}{4}$ ⑥ $\frac{5}{14}$ ⑩ $\frac{5}{9}$ ⑭ $1\frac{3}{7}$

③ $\frac{4}{7}$ ⑦ $1\frac{5}{7}$ ⑪ $\frac{6}{11}$ ⑮ $\frac{11}{13}$

④ $\frac{5}{8}$ ⑧ $\frac{7}{13}$ ⑫ $1\frac{6}{7}$ ⑯ $1\frac{3}{5}$

2

p.16

① $\frac{1}{6}$ ⑤ $\frac{1}{12}$ ⑨ $\frac{3}{20}$ ⑬ $\frac{10}{39}$

② $\frac{3}{20}$ ⑥ $\frac{2}{7}$ ⑩ $\frac{1}{14}$ ⑭ $\frac{3}{14}$

③ $\frac{1}{10}$ ⑦ $\frac{1}{9}$ ⑪ $\frac{1}{12}$ ⑮ $\frac{11}{105}$

④ $\frac{1}{6}$ ⑧ $\frac{11}{90}$ ⑫ $\frac{1}{10}$ ⑯ $\frac{5}{7}$

3

p.17

① $\frac{4}{7}$ ⑤ $\frac{3}{7}$ ⑨ $3\frac{2}{3}$ ⑬ $1\frac{3}{4}$

② $\frac{3}{4}$ ⑥ $2\frac{2}{5}$ ⑩ $2\frac{2}{3}$ ⑭ $1\frac{1}{5}$

③ $\frac{2}{9}$ ⑦ $1\frac{3}{4}$ ⑪ $1\frac{4}{7}$ ⑮ $1\frac{1}{3}$

④ $\frac{3}{4}$ ⑧ $\frac{3}{4}$ ⑫ $\frac{5}{9}$ ⑯ $\frac{1}{4}$

4

p.18

① $\frac{3}{20}$ ⑤ $\frac{4}{77}$ ⑨ $\frac{2}{15}$ ⑬ $\frac{1}{7}$

② $\frac{4}{63}$ ⑥ $\frac{1}{10}$ ⑩ $\frac{5}{24}$ ⑭ $\frac{5}{21}$

③ $\frac{5}{48}$ ⑦ $\frac{1}{9}$ ⑪ $\frac{2}{15}$ ⑮ $\frac{5}{52}$

④ $\frac{2}{7}$ ⑧ $\frac{1}{26}$ ⑫ $\frac{1}{4}$ ⑯ $\frac{11}{102}$

5

p.19

① $\frac{2}{5}$ ⑤ $\frac{4}{5}$ ⑨ $\frac{7}{9}$ ⑬ $\frac{4}{7}$

② $\frac{5}{7}$ ⑥ $2\frac{2}{7}$ ⑩ $1\frac{1}{5}$ ⑭ $\frac{5}{9}$

③ $\frac{10}{17}$ ⑦ $\frac{5}{9}$ ⑪ $4\frac{3}{5}$ ⑮ $\frac{7}{8}$

④ 3 ⑧ $\frac{4}{7}$ ⑫ $5\frac{2}{3}$ ⑯ $\frac{5}{7}$

6

p.20

① $\frac{1}{10}$ ⑤ $\frac{7}{30}$ ⑨ $\frac{1}{18}$ ⑬ $\frac{1}{15}$

② $\frac{5}{44}$ ⑥ $\frac{5}{48}$ ⑩ $\frac{6}{35}$ ⑭ $\frac{7}{22}$

③ $\frac{6}{35}$ ⑦ $\frac{11}{30}$ ⑪ $\frac{1}{10}$ ⑮ $\frac{5}{21}$

④ $\frac{5}{108}$ ⑧ $\frac{3}{4}$ ⑫ $\frac{2}{21}$ ⑯ $\frac{2}{9}$

7

p.21

① $\frac{2}{7}$ ⑤ $\frac{3}{4}$ ⑨ $1\frac{1}{5}$ ⑬ $4\frac{2}{3}$

② $\frac{7}{10}$ ⑥ $1\frac{1}{2}$ ⑩ $\frac{3}{5}$ ⑭ $1\frac{3}{10}$

③ $1\frac{4}{5}$ ⑦ $\frac{5}{6}$ ⑪ $6\frac{1}{2}$ ⑮ $1\frac{2}{5}$

④ $\frac{4}{9}$ ⑧ $1\frac{4}{7}$ ⑫ $1\frac{2}{5}$ ⑯ $2\frac{1}{4}$

8

p.22

① $\frac{2}{45}$ ⑤ $\frac{5}{21}$ ⑨ $\frac{4}{63}$ ⑬ $\frac{1}{25}$

② $\frac{5}{147}$ ⑥ $\frac{3}{64}$ ⑩ $\frac{3}{56}$ ⑭ $\frac{11}{128}$

③ $\frac{7}{40}$ ⑦ $\frac{5}{63}$ ⑪ $\frac{1}{40}$ ⑮ $\frac{1}{42}$

④ $\frac{8}{45}$ ⑧ $\frac{5}{42}$ ⑫ $\frac{5}{63}$ ⑯ $\frac{1}{25}$

(가분수)÷(자연수), (대분수)÷(자연수)

1

p.24

① $\frac{7}{25}$ ⑤ $\frac{11}{20}$ ⑨ $\frac{2}{3}$ ⑬ $\frac{13}{30}$

② $1\frac{1}{2}$ ⑥ $\frac{1}{2}$ ⑩ $\frac{8}{21}$ ⑭ $\frac{7}{12}$

③ $1\frac{1}{10}$ ⑦ $1\frac{2}{3}$ ⑪ $\frac{9}{28}$ ⑮ $\frac{8}{15}$

④ $\frac{9}{49}$ ⑧ $\frac{1}{4}$ ⑫ $\frac{3}{10}$ ⑯ $1\frac{1}{8}$

2

p.25

① $2\frac{3}{8}$ ⑤ $\frac{3}{20}$ ⑨ $\frac{7}{20}$ ⑬ $2\frac{5}{16}$

② $\frac{7}{11}$ ⑥ $1\frac{1}{5}$ ⑩ $\frac{4}{7}$ ⑭ $\frac{5}{7}$

③ $\frac{2}{5}$ ⑦ $1\frac{17}{48}$ ⑪ $\frac{3}{4}$ ⑮ $2\frac{7}{15}$

④ $\frac{29}{42}$ ⑧ $1\frac{11}{15}$ ⑫ $\frac{31}{56}$ ⑯ $\frac{8}{35}$

3

p.26

① $\frac{5}{14}$ ⑤ $\frac{17}{33}$ ⑨ $\frac{7}{12}$ ⑬ $\frac{2}{3}$

② $1\frac{5}{6}$ ⑥ $1\frac{1}{5}$ ⑩ $2\frac{1}{3}$ ⑭ $\frac{1}{3}$

③ $\frac{7}{24}$ ⑦ $\frac{13}{14}$ ⑪ $\frac{9}{20}$ ⑮ $\frac{13}{24}$

④ $\frac{15}{16}$ ⑧ $\frac{1}{2}$ ⑫ $\frac{9}{10}$ ⑯ $\frac{1}{4}$

4

p.27

① $\frac{27}{70}$ ⑤ $\frac{13}{55}$ ⑨ $\frac{14}{15}$ ⑬ $\frac{19}{49}$

② $1\frac{5}{14}$ ⑥ $\frac{41}{45}$ ⑩ $2\frac{11}{12}$ ⑭ $1\frac{11}{20}$

③ $2\frac{3}{4}$ ⑦ $\frac{37}{112}$ ⑪ $\frac{24}{25}$ ⑮ $1\frac{17}{18}$

④ $\frac{51}{56}$ ⑧ $\frac{34}{35}$ ⑫ $\frac{7}{16}$ ⑯ $5\frac{1}{4}$

5

p.28

① $\frac{11}{14}$ ⑤ $\frac{5}{27}$ ⑨ $\frac{7}{18}$ ⑬ $\frac{7}{25}$

② $1\frac{3}{10}$ ⑥ $\frac{16}{105}$ ⑩ $\frac{1}{2}$ ⑭ $\frac{7}{16}$

③ $\frac{15}{26}$ ⑦ $\frac{8}{21}$ ⑪ $\frac{19}{40}$ ⑮ $\frac{3}{14}$

④ $\frac{9}{16}$ ⑧ $\frac{7}{16}$ ⑫ $\frac{5}{6}$ ⑯ $\frac{1}{9}$

6

p.29

① $1\frac{5}{16}$ ⑤ $1\frac{3}{4}$ ⑨ $\frac{19}{30}$ ⑬ $\frac{11}{28}$

② $1\frac{1}{18}$ ⑥ $2\frac{3}{7}$ ⑩ $\frac{13}{35}$ ⑭ $1\frac{7}{8}$

③ $\frac{8}{35}$ ⑦ $\frac{13}{30}$ ⑪ $\frac{3}{5}$ ⑮ $1\frac{2}{45}$

④ $\frac{16}{35}$ ⑧ $\frac{43}{50}$ ⑫ $\frac{2}{3}$ ⑯ $\frac{27}{34}$

7

p.30

① 1 ⑤ $\frac{1}{2}$ ⑨ $\frac{1}{4}$ ⑬ $\frac{11}{30}$

② $\frac{4}{5}$ ⑥ $\frac{31}{90}$ ⑩ $\frac{5}{17}$ ⑭ $\frac{7}{18}$

③ $\frac{4}{11}$ ⑦ $\frac{5}{24}$ ⑪ $\frac{11}{21}$ ⑮ $\frac{13}{16}$

④ $\frac{2}{7}$ ⑧ $\frac{11}{45}$ ⑫ $\frac{2}{41}$ ⑯ $\frac{61}{204}$

8

p.31

① $\frac{7}{18}$ ⑤ $1\frac{3}{8}$ ⑨ $\frac{13}{21}$ ⑬ $1\frac{29}{36}$

② $\frac{29}{35}$ ⑥ $\frac{37}{56}$ ⑩ $\frac{13}{56}$ ⑭ $1\frac{3}{40}$

③ $\frac{17}{28}$ ⑦ $\frac{7}{9}$ ⑪ $\frac{19}{30}$ ⑮ $\frac{47}{49}$

④ $\frac{17}{40}$ ⑧ $1\frac{11}{36}$ ⑫ $1\frac{1}{18}$ ⑯ $\frac{23}{96}$

(자연수)÷(분수)

1

p.33

① 9	⑤ 15	⑨ 14	⑬ 3
② 5	⑥ 24	⑩ 35	⑭ 8
③ 6	⑦ 24	⑪ 36	⑮ 44
④ 8	⑧ 35	⑫ 15	⑯ 38

2

p.34

① 3	⑤ $4\frac{1}{2}$	⑨ $6\frac{1}{2}$	⑬ $4\frac{4}{5}$
② $5\frac{1}{4}$	⑥ $5\frac{1}{7}$	⑩ $1\frac{1}{2}$	⑭ $12\frac{3}{5}$
③ $5\frac{1}{5}$	⑦ $11\frac{1}{5}$	⑪ $11\frac{3}{7}$	⑮ 5
④ $8\frac{2}{5}$	⑧ $8\frac{3}{4}$	⑫ $3\frac{1}{5}$	⑯ $7\frac{1}{2}$

3

p.35

① $4\frac{4}{13}$	⑤ $2\frac{5}{11}$	⑨ $3\frac{3}{14}$	⑬ $2\frac{4}{7}$
② $4\frac{1}{6}$	⑥ $1\frac{3}{5}$	⑩ $1\frac{17}{25}$	⑭ $3\frac{3}{17}$
③ $1\frac{1}{2}$	⑦ $\frac{6}{13}$	⑪ $1\frac{1}{2}$	⑮ $\frac{5}{9}$
④ $\frac{5}{7}$	⑧ $2\frac{2}{3}$	⑫ $1\frac{3}{5}$	⑯ 6

4

p.36

① $4\frac{1}{4}$	⑤ $\frac{5}{11}$	⑨ $\frac{18}{41}$	⑬ $1\frac{5}{7}$
② $2\frac{1}{2}$	⑥ $3\frac{1}{5}$	⑩ $2\frac{2}{15}$	⑭ $1\frac{1}{4}$
③ $4\frac{12}{13}$	⑦ $1\frac{1}{5}$	⑪ $2\frac{2}{11}$	⑮ $1\frac{7}{8}$
④ $1\frac{2}{7}$	⑧ $3\frac{11}{18}$	⑫ $2\frac{1}{4}$	⑯ $4\frac{1}{5}$

5

p.37

① 8	⑤ 35	⑨ 10	⑬ 108
② 20	⑥ 5	⑩ 68	⑭ 39
③ 40	⑦ 33	⑪ 45	⑮ 20
④ 24	⑧ 8	⑫ 24	⑯ 63

6

p.38

① $4\frac{1}{2}$	⑤ 8	⑨ $6\frac{1}{2}$	⑬ $19\frac{1}{2}$
② $1\frac{6}{11}$	⑥ $6\frac{6}{7}$	⑩ $13\frac{1}{3}$	⑭ 30
③ $3\frac{3}{5}$	⑦ $12\frac{6}{7}$	⑪ 7	⑮ 15
④ $8\frac{3}{4}$	⑧ 16	⑫ $4\frac{1}{4}$	⑯ 14

7

p.39

① $\frac{6}{13}$	⑤ $4\frac{12}{13}$	⑨ $6\frac{1}{8}$	⑬ $\frac{3}{7}$
② $\frac{10}{11}$	⑥ $1\frac{1}{3}$	⑩ $2\frac{3}{4}$	⑭ $4\frac{1}{6}$
③ $4\frac{2}{3}$	⑦ $4\frac{1}{21}$	⑪ $1\frac{13}{14}$	⑮ $2\frac{2}{9}$
④ $4\frac{3}{8}$	⑧ $1\frac{2}{3}$	⑫ $4\frac{10}{11}$	⑯ $3\frac{3}{5}$

8

p.40

① $2\frac{15}{17}$	⑤ $1\frac{7}{11}$	⑨ $1\frac{12}{13}$	⑬ $1\frac{1}{2}$
② $\frac{7}{38}$	⑥ $1\frac{1}{2}$	⑩ $\frac{3}{5}$	⑭ $3\frac{9}{13}$
③ $\frac{28}{31}$	⑦ $1\frac{1}{10}$	⑪ $1\frac{2}{13}$	⑮ $1\frac{1}{4}$
④ $1\frac{2}{5}$	⑧ $2\frac{1}{3}$	⑫ $\frac{16}{19}$	⑯ $5\frac{1}{4}$

분모가 같은 (진분수)÷(진분수)

1

p.42

① 2	⑤ 3	⑨ $\frac{1}{3}$	⑬ $\frac{3}{10}$
② $\frac{1}{3}$	⑥ $1\frac{2}{3}$	⑩ $\frac{5}{7}$	⑭ $3\frac{2}{3}$
③ $\frac{3}{4}$	⑦ $\frac{5}{7}$	⑪ $1\frac{2}{3}$	⑮ $\frac{1}{2}$
④ $\frac{2}{5}$	⑧ $\frac{2}{5}$	⑫ $\frac{5}{7}$	⑯ $\frac{2}{3}$

2

p.43

① $1\frac{2}{5}$	⑤ 2	⑨ $\frac{1}{6}$	⑬ $\frac{3}{11}$
② $\frac{3}{4}$	⑥ $\frac{3}{7}$	⑩ $\frac{5}{7}$	⑭ 7
③ 2	⑦ 2	⑪ 8	⑮ $\frac{1}{3}$
④ $\frac{1}{3}$	⑧ $\frac{1}{2}$	⑫ 3	⑯ 2

3

p.44

① 3	⑤ $2\frac{1}{3}$	⑨ $1\frac{2}{5}$	⑬ $\frac{1}{3}$
② $\frac{2}{3}$	⑥ $\frac{2}{5}$	⑩ $\frac{1}{2}$	⑭ $\frac{2}{7}$
③ 5	⑦ 2	⑪ $\frac{1}{2}$	⑮ $2\frac{1}{3}$
④ $\frac{1}{3}$	⑧ $\frac{3}{7}$	⑫ 3	⑯ 2

4

p.45

① $1\frac{1}{2}$	⑤ $\frac{9}{10}$	⑨ 7	⑬ 2
② $1\frac{3}{11}$	⑥ 2	⑩ $\frac{4}{13}$	⑭ $\frac{3}{5}$
③ $\frac{2}{3}$	⑦ 5	⑪ $1\frac{4}{7}$	⑮ $\frac{4}{7}$
④ 2	⑧ 1	⑫ 3	⑯ $\frac{2}{3}$

5

p.46

① $1\frac{1}{2}$	⑤ $\frac{1}{2}$	⑨ $\frac{2}{3}$	⑬ 3
② $1\frac{1}{5}$	⑥ $\frac{2}{9}$	⑩ $1\frac{2}{5}$	⑭ $1\frac{2}{11}$
③ $\frac{1}{2}$	⑦ $\frac{1}{5}$	⑪ 3	⑮ $3\frac{1}{2}$
④ $\frac{5}{8}$	⑧ $\frac{3}{5}$	⑫ $\frac{1}{2}$	⑯ $\frac{17}{29}$

6

p.47

① $\frac{5}{27}$	⑤ 2	⑨ $\frac{1}{2}$	⑬ $\frac{1}{3}$
② $1\frac{1}{6}$	⑥ $1\frac{4}{13}$	⑩ $\frac{1}{5}$	⑭ $\frac{3}{4}$
③ $\frac{1}{9}$	⑦ $\frac{7}{11}$	⑪ $\frac{4}{25}$	⑮ 4
④ $\frac{8}{19}$	⑧ $\frac{3}{5}$	⑫ 4	⑯ $\frac{1}{2}$

7

p.48

① $\frac{1}{2}$	⑤ $\frac{3}{7}$	⑨ $\frac{1}{5}$	⑬ $1\frac{2}{3}$
② $\frac{1}{2}$	⑥ 2	⑩ $\frac{3}{7}$	⑭ $\frac{1}{5}$
③ $\frac{1}{4}$	⑦ $\frac{1}{7}$	⑪ 5	⑮ $2\frac{1}{6}$
④ $2\frac{1}{5}$	⑧ 2	⑫ $1\frac{3}{4}$	⑯ $\frac{1}{4}$

8

p.49

① $\frac{1}{4}$	⑤ $\frac{3}{13}$	⑨ 3	⑬ $\frac{3}{4}$
② $3\frac{4}{5}$	⑥ $\frac{7}{9}$	⑩ $\frac{4}{5}$	⑭ $\frac{5}{11}$
③ $1\frac{2}{3}$	⑦ $1\frac{1}{2}$	⑪ $1\frac{6}{13}$	⑮ 2
④ 5	⑧ $\frac{3}{5}$	⑫ 3	⑯ $\frac{1}{4}$

실력 체크

중간 점검 1-4

1-A

p.52

① $\frac{3}{7}$ ⑤ $\frac{1}{2}$ ⑨ $\frac{1}{35}$ ⑬ $\frac{5}{28}$

② $\frac{4}{5}$ ⑥ $\frac{6}{7}$ ⑩ $\frac{1}{8}$ ⑭ $\frac{3}{8}$

③ $\frac{4}{7}$ ⑦ $1\frac{3}{4}$ ⑪ $\frac{4}{15}$ ⑮ $\frac{7}{24}$

④ $\frac{5}{9}$ ⑧ $\frac{5}{8}$ ⑫ $\frac{1}{9}$ ⑯ $\frac{5}{36}$

1-B

p.53

① $1\frac{1}{4}$ ④ $\frac{5}{11}$ ⑦ $\frac{1}{5}$ ⑩ $\frac{1}{15}$

② 3 ⑤ $1\frac{3}{4}$ ⑧ $\frac{1}{18}$ ⑪ $\frac{3}{8}$

③ $1\frac{2}{3}$ ⑥ $\frac{2}{9}$ ⑨ $\frac{5}{63}$ ⑫ $\frac{2}{81}$

2-A

p.54

① $\frac{3}{5}$ ⑤ $\frac{7}{15}$ ⑨ $1\frac{1}{35}$ ⑬ $\frac{13}{14}$

② $\frac{8}{9}$ ⑥ $\frac{6}{7}$ ⑩ $1\frac{5}{8}$ ⑭ $\frac{7}{8}$

③ $\frac{17}{27}$ ⑦ $\frac{1}{3}$ ⑪ $1\frac{4}{15}$ ⑮ $1\frac{5}{8}$

④ $\frac{2}{11}$ ⑧ $\frac{9}{10}$ ⑫ $1\frac{5}{18}$ ⑯ $\frac{35}{36}$

2-B

p.55

① $\frac{3}{5}$ ④ $1\frac{1}{3}$ ⑦ $\frac{7}{10}$ ⑩ $\frac{4}{15}$

② $\frac{5}{21}$ ⑤ $\frac{5}{28}$ ⑧ $1\frac{1}{18}$ ⑪ $\frac{11}{32}$

③ $\frac{18}{35}$ ⑥ $\frac{1}{10}$ ⑨ $\frac{2}{9}$ ⑫ $1\frac{1}{9}$

3-A

p.56

① 28

② 10

③ 24

④ 35

⑤ $13\frac{1}{3}$

⑥ 9

⑦ 12

⑧ 9

⑨ $1\frac{1}{9}$

⑩ $1\frac{3}{4}$

⑪ $2\frac{4}{5}$

⑫ $\frac{4}{11}$

⑬ $4\frac{2}{7}$

⑭ $\frac{15}{17}$

⑮ $\frac{7}{13}$

⑯ $2\frac{14}{15}$

3-B

p.57

① 10

② 10

③ 28

④ $8\frac{1}{3}$

⑤ $9\frac{1}{3}$

⑥ $3\frac{3}{5}$

⑦ 3

⑧ $3\frac{9}{11}$

⑨ $1\frac{2}{3}$

⑩ $2\frac{6}{7}$

⑪ $2\frac{2}{29}$

⑫ $3\frac{3}{5}$

4-A

p.58

① $\frac{1}{2}$

② $\frac{1}{4}$

③ 3

④ $1\frac{1}{4}$

⑤ $\frac{7}{8}$

⑥ $\frac{1}{4}$

⑦ $3\frac{2}{5}$

⑧ $2\frac{1}{3}$

⑨ $\frac{1}{4}$

⑩ 3

⑪ $1\frac{1}{2}$

⑫ $\frac{1}{2}$

⑬ $\frac{1}{10}$

⑭ 3

⑮ $1\frac{1}{3}$

⑯ $1\frac{2}{7}$

4-B

p.59

① $\frac{2}{5}$

② $\frac{5}{7}$

③ $\frac{2}{5}$

④ $\frac{1}{3}$

⑤ 2

⑥ 1

⑦ $\frac{1}{6}$

⑧ $\frac{5}{7}$

⑨ $4\frac{3}{4}$

⑩ 5

⑪ 13

⑫ 6

분모가 같은 (대분수)÷(대분수)

1

p.61

① $\frac{4}{5}$ ⑤ 2 ⑨ $\frac{13}{29}$ ⑬ $2\frac{7}{16}$

② $\frac{9}{11}$ ⑥ $1\frac{4}{43}$ ⑩ $\frac{13}{23}$ ⑭ $3\frac{20}{23}$

③ $\frac{6}{7}$ ⑦ $\frac{35}{39}$ ⑪ $1\frac{16}{31}$ ⑮ $1\frac{39}{83}$

④ $1\frac{1}{4}$ ⑧ $1\frac{5}{41}$ ⑫ $1\frac{30}{67}$ ⑯ $\frac{76}{81}$

2

p.62

① $\frac{1}{2}$ ⑤ $2\frac{1}{8}$ ⑨ $1\frac{13}{33}$ ⑬ $1\frac{14}{23}$

② $\frac{11}{21}$ ⑥ $1\frac{2}{5}$ ⑩ $1\frac{25}{34}$ ⑭ $1\frac{2}{3}$

③ 2 ⑦ $1\frac{5}{11}$ ⑪ $1\frac{10}{19}$ ⑮ $1\frac{10}{19}$

④ $\frac{13}{16}$ ⑧ $2\frac{1}{8}$ ⑫ $2\frac{11}{13}$ ⑯ $2\frac{1}{30}$

3

p.63

① $1\frac{1}{2}$ ⑤ $1\frac{13}{21}$ ⑨ $\frac{27}{31}$ ⑬ $1\frac{44}{57}$

② $\frac{17}{18}$ ⑥ $2\frac{1}{8}$ ⑩ $1\frac{12}{25}$ ⑭ $\frac{89}{95}$

③ $\frac{13}{17}$ ⑦ $1\frac{11}{36}$ ⑪ $\frac{47}{49}$ ⑮ $1\frac{32}{69}$

④ $1\frac{1}{4}$ ⑧ $\frac{18}{19}$ ⑫ $1\frac{27}{34}$ ⑯ $1\frac{5}{142}$

4

p.64

① $\frac{5}{17}$ ⑤ $1\frac{29}{44}$ ⑨ $1\frac{21}{31}$ ⑬ $1\frac{2}{25}$

② $\frac{55}{93}$ ⑥ $2\frac{6}{19}$ ⑩ $1\frac{20}{27}$ ⑭ $1\frac{32}{41}$

③ $\frac{2}{3}$ ⑦ $1\frac{8}{11}$ ⑪ $2\frac{21}{37}$ ⑮ $2\frac{11}{19}$

④ $2\frac{7}{36}$ ⑧ $2\frac{9}{29}$ ⑫ 3 ⑯ $1\frac{26}{43}$

5

p.65

① $1\frac{1}{4}$ ⑤ $1\frac{9}{23}$ ⑨ $1\frac{4}{5}$ ⑬ $\frac{45}{59}$

② $\frac{21}{38}$ ⑥ $\frac{38}{41}$ ⑩ $1\frac{6}{23}$ ⑭ $1\frac{24}{49}$

③ $1\frac{5}{17}$ ⑦ $2\frac{1}{83}$ ⑪ $\frac{64}{69}$ ⑮ $3\frac{2}{11}$

④ $\frac{25}{29}$ ⑧ $1\frac{24}{131}$ ⑫ $\frac{2}{7}$ ⑯ $1\frac{8}{59}$

6

p.66

① $\frac{23}{35}$ ⑤ $2\frac{5}{14}$ ⑨ $1\frac{9}{22}$ ⑬ $1\frac{26}{45}$

② $\frac{7}{11}$ ⑥ $1\frac{16}{55}$ ⑩ $1\frac{18}{29}$ ⑭ 2

③ $\frac{21}{43}$ ⑦ $1\frac{4}{7}$ ⑪ $2\frac{21}{22}$ ⑮ $1\frac{41}{58}$

④ $1\frac{1}{2}$ ⑧ $\frac{31}{50}$ ⑫ 4 ⑯ $3\frac{10}{31}$

7

p.67

① $\frac{17}{49}$ ⑤ $1\frac{10}{21}$ ⑨ $\frac{33}{37}$ ⑬ $\frac{17}{21}$

② $\frac{37}{84}$ ⑥ $\frac{43}{84}$ ⑩ $2\frac{7}{25}$ ⑭ $\frac{44}{47}$

③ $1\frac{21}{50}$ ⑦ $1\frac{29}{30}$ ⑪ $1\frac{19}{24}$ ⑮ $\frac{83}{181}$

④ $2\frac{23}{38}$ ⑧ $1\frac{6}{43}$ ⑫ $1\frac{3}{4}$ ⑯ $1\frac{19}{104}$

8

p.68

① $\frac{16}{67}$ ⑤ $1\frac{2}{17}$ ⑨ $\frac{79}{111}$ ⑬ $2\frac{20}{31}$

② $\frac{43}{57}$ ⑥ $1\frac{26}{27}$ ⑩ $\frac{48}{65}$ ⑭ $1\frac{27}{58}$

③ $\frac{38}{59}$ ⑦ $1\frac{37}{54}$ ⑪ $3\frac{16}{41}$ ⑮ $5\frac{5}{7}$

④ $1\frac{4}{5}$ ⑧ $\frac{11}{14}$ ⑫ $1\frac{23}{32}$ ⑯ $1\frac{4}{7}$

나누어떨어지는 (소수)÷(자연수)

1

p.70

① 5.4 ④ 3.9 ⑦ 1.7

② 4.1 ⑤ 3.4 ⑧ 0.83

③ 3.73 ⑥ 1.83 ⑨ 2.57

2

p.71

① 2.3 ⑤ 6.9 ⑨ 2.7 ⑬ 1.53

② 1.1 ⑥ 7.3 ⑩ 0.54 ⑭ 2.74

③ 3.7 ⑦ 3.6 ⑪ 1.24 ⑮ 1.3

④ 2.3 ⑧ 2.3 ⑫ 6.49 ⑯ 0.76

3

p.72

① 7.4 ④ 3.49 ⑦ 2.71

② 6.3 ⑤ 4.5 ⑧ 2.9

③ 6.36 ⑥ 2.3 ⑨ 0.74

4

p.73

① 1.7 ⑤ 3.7 ⑨ 3.2 ⑬ 2.43

② 9.8 ⑥ 5.4 ⑩ 3.4 ⑭ 3.11

③ 9.4 ⑦ 1.6 ⑪ 4.24 ⑮ 1.1

④ 4.6 ⑧ 2.3 ⑫ 5.37 ⑯ 0.63

5

p.74

① 9.7 ④ 8.6 ⑦ 6.47

② 4.3 ⑤ 4.52 ⑧ 3.24

③ 2.1 ⑥ 0.93 ⑨ 2.3

6

p.75

① 8.1 ⑤ 2.4 ⑨ 2.5 ⑬ 2.32

② 1.2 ⑥ 1.2 ⑩ 3.1 ⑭ 2.74

③ 3.6 ⑦ 6.3 ⑪ 8.94 ⑮ 2.3

④ 4.3 ⑧ 3.4 ⑫ 9.52 ⑯ 0.56

7

p.76

① 9.26 ④ 6.9 ⑦ 7.9

② 5.7 ⑤ 3.38 ⑧ 4.12

③ 3.1 ⑥ 1.1 ⑨ 1.7

8

p.77

① 9.2 ⑤ 9.3 ⑨ 4.8 ⑬ 4.31

② 1.1 ⑥ 6.6 ⑩ 2.7 ⑭ 3.27

③ 9.7 ⑦ 2.9 ⑪ 8.21 ⑮ 0.73

④ 7.6 ⑧ 3.3 ⑫ 9.84 ⑯ 0.68

나누어떨어지지 않는 (소수)÷(자연수)

1

p.79

① 0.65	④ 4.05	⑦ 3.95
② 0.78	⑤ 4.06	⑧ 1.84
③ 0.35	⑥ 3.55	⑨ 2.32

2

p.80

① 0.67	⑤ 6.82	⑨ 2.72	⑬ 1.585
② 1.32	⑥ 7.35	⑩ 0.515	⑭ 2.615
③ 3.75	⑦ 3.35	⑪ 1.085	⑮ 1.35
④ 2.35	⑧ 2.35	⑫ 4.865	⑯ 0.765

3

p.81

① 7.65	④ 3.85	⑦ 2.75
② 6.35	⑤ 4.54	⑧ 2.95
③ 8.65	⑥ 2.35	⑨ 0.71

4

p.82

① 0.51	⑤ 3.72	⑨ 3.25	⑬ 1.905
② 3.94	⑥ 5.45	⑩ 3.45	⑭ 5.95
③ 7.05	⑦ 1.55	⑪ 4.945	⑮ 0.46
④ 4.65	⑧ 2.35	⑫ 4.05	⑯ 0.635

5

p.83

① 9.74	④ 8.65	⑦ 5.82
② 4.35	⑤ 4.85	⑧ 3.35
③ 2.05	⑥ 0.95	⑨ 2.35

6

p.84

① 2.43	⑤ 4.85	⑨ 2.54	⑬ 2.325
② 0.86	⑥ 1.35	⑩ 3.05	⑭ 2.745
③ 4.05	⑦ 4.95	⑪ 7.815	⑮ 2.55
④ 4.35	⑧ 3.55	⑫ 9.55	⑯ 0.606

7

p.85

① 9.25	④ 9.66	⑦ 7.95
② 7.41	⑤ 3.55	⑧ 4.15
③ 3.14	⑥ 0.95	⑨ 1.71

8

p.86

① 7.31	⑤ 9.28	⑨ 4.85	⑬ 4.315
② 0.15	⑥ 6.55	⑩ 2.75	⑭ 3.26
③ 8.45	⑦ 2.76	⑪ 8.205	⑮ 0.755
④ 7.65	⑧ 3.35	⑫ 9.845	⑯ 0.795

1 p.88

① 3, 2
② 8, 15
③ 7, 6
④ 9, 25
⑤ 11, 8
⑥ 20, 17
⑦ 13, 9
⑧ 25, 6
⑨ 6, 5
⑩ 25, 24

2 p.89

① $\frac{1}{2}\left(=\frac{2}{4}\right)$, 0.5, 50%
② $\frac{5}{8}$, 0.625, 62.5%
③ $\frac{3}{20}$, 0.15, 15%
④ $\frac{21}{40}$, 0.525, 52.5%
⑤ $\frac{1}{5}$, 0.2, 20%
⑥ $\frac{2}{5}\left(=\frac{12}{30}\right)$, 0.4, 40%
⑦ $\frac{16}{25}$, 0.64, 64%
⑧ $\frac{39}{50}$, 0.78, 78%
⑨ $\frac{9}{16}$, 0.5625, 56.25%
⑩ $\frac{1}{4}\left(=\frac{13}{52}\right)$, 0.25, 25%

3 p.90

① 5, 2
② 8, 7
③ 4, 9
④ 9, 13
⑤ 27, 10
⑥ 16, 21
⑦ 11, 45
⑧ 18, 23
⑨ 9, 8
⑩ 43, 17

4 p.91

① $\frac{8}{25}$, 0.32, 32%
② $1\frac{3}{10}\left(=\frac{13}{10}\right)$, 1.3, 130%
③ $\frac{5}{16}$, 0.3125, 31.25%
④ $\frac{7}{8}$, 0.875, 87.5%
⑤ $\frac{11}{20}$, 0.55, 55%
⑥ $\frac{17}{50}$, 0.34, 34%
⑦ $1\frac{7}{25}\left(=\frac{32}{25}\right)$, 1.28, 128%
⑧ $1\frac{2}{5}\left(=\frac{49}{35}\right)$, 1.4, 140%
⑨ $\frac{3}{40}$, 0.075, 7.5%
⑩ $\frac{4}{5}\left(=\frac{12}{15}\right)$, 0.8, 80%

5 p.92

① 7, 9
② 20, 11
③ 10, 3
④ 27, 14
⑤ 32, 27
⑥ 16, 31
⑦ 11, 64
⑧ 45, 22
⑨ 15, 8
⑩ 56, 47

6 p.93

① $\frac{1}{5}\left(=\frac{2}{10}\right)$, 0.2, 20%
② $\frac{15}{16}$, 0.9375, 93.75%
③ $\frac{1}{8}$, 0.125, 12.5%
④ $\frac{9}{20}$, 0.45, 45%
⑤ $\frac{4}{25}\left(=\frac{8}{50}\right)$, 0.16, 16%
⑥ $\frac{9}{10}\left(=\frac{27}{30}\right)$, 0.9, 90%
⑦ $\frac{3}{5}$, 0.6, 60%
⑧ $\frac{19}{20}$, 0.95, 95%
⑨ $\frac{6}{25}$, 0.24, 24%
⑩ $\frac{7}{8}\left(=\frac{35}{40}\right)$, 0.875, 87.5%

7 p.94

① 9, 4
② 16, 15
③ 29, 36
④ 15, 49
⑤ 11, 12
⑥ 50, 31
⑦ 17, 2
⑧ 25, 72
⑨ 36, 7
⑩ 9, 53

8 p.95

① $1\frac{1}{5}\left(=\frac{6}{5}\right)$, 1.2, 120%
② $\frac{9}{10}$, 0.9, 90%
③ $\frac{1}{4}\left(=\frac{15}{60}\right)$, 0.25, 25%
④ $1\frac{1}{4}\left(=\frac{20}{16}\right)$, 1.25, 125%
⑤ $\frac{18}{25}$, 0.72, 72%
⑥ $\frac{4}{5}\left(=\frac{64}{80}\right)$, 0.8, 80%
⑦ $1\frac{3}{4}\left(=\frac{7}{4}\right)$, 1.75, 175%
⑧ $\frac{3}{5}\left(=\frac{75}{125}\right)$, 0.6, 60%
⑨ $\frac{17}{20}$, 0.85, 85%
⑩ $\frac{41}{50}$, 0.82, 82%

실력 체크

최종 점검 5-8

5-A

p.98

① $\frac{4}{5}$ ⑤ $1\frac{7}{19}$ ⑨ $\frac{18}{43}$ ⑬ $\frac{31}{33}$

② $1\frac{18}{19}$ ⑥ $1\frac{34}{121}$ ⑩ $\frac{41}{77}$ ⑭ $2\frac{3}{11}$

③ $\frac{91}{97}$ ⑦ $1\frac{1}{10}$ ⑪ $1\frac{6}{23}$ ⑮ $1\frac{4}{121}$

④ $1\frac{7}{16}$ ⑧ $1\frac{32}{69}$ ⑫ $1\frac{8}{9}$ ⑯ $1\frac{1}{7}$

5-B

p.99

① $1\frac{1}{9}$ ④ $3\frac{1}{4}$ ⑦ $4\frac{4}{7}$ ⑩ $2\frac{12}{13}$

② $2\frac{1}{5}$ ⑤ $2\frac{17}{32}$ ⑧ $1\frac{4}{7}$ ⑪ $3\frac{13}{18}$

③ $1\frac{15}{26}$ ⑥ $\frac{11}{13}$ ⑨ $1\frac{1}{4}$ ⑫ $1\frac{8}{11}$

6-A

p.100

① 9.3 ④ 5.7 ⑦ 0.63

② 7.8 ⑤ 2.8 ⑧ 2.79

③ 7.53 ⑥ 4.61 ⑨ 3.1

6-B

p.101

① 1.6 ④ 4.6 ⑦ 2.3 ⑩ 1.92

② 4.1 ⑤ 6.1 ⑧ 2.6 ⑪ 2.09

③ 2.2 ⑥ 3.3 ⑨ 3.17 ⑫ 5.5

7-A

p.102

① 7.15 ④ 6.12 ⑦ 5.15

② 6.45 ⑤ 8.69 ⑧ 3.05

③ 9.86 ⑥ 2.81 ⑨ 5.55

7-B

p.103

① 0.49 ④ 10.38 ⑦ 5.65 ⑩ 3.605

② 3.28 ⑤ 15.45 ⑧ 2.52 ⑪ 0.831

③ 5.55 ⑥ 3.75 ⑨ 4.565 ⑫ 0.65

8-A

p.104

① 32, 11

② 5, 18

③ 43, 34

④ 14, 5

⑤ 16, 7

⑥ 3, 8

⑦ 10, 13

⑧ 25, 12

⑨ 51, 19

⑩ 8, 3

8-B

p.105

① $1\frac{3}{8}$, 1.375, 137.5%

② $\frac{4}{25}$, 0.16, 16%

③ $\frac{7}{10}$, 0.7, 70%

④ $\frac{4}{5}$, 0.8, 80%

⑤ $\frac{1}{2}$, 0.5, 50%

⑥ $\frac{17}{40}$, 0.425, 42.5%

⑦ $\frac{1}{5}$, 0.2, 20%

⑧ $\frac{23}{50}$, 0.46, 46%

Memo

Memo

Memo